Kangaroo
折叠的程序
Folding Programming

包瑞清 著

江苏凤凰科学技术出版社

图书在版编目（CIP）数据

折叠的程序 / 包瑞清著. -- 南京 ：江苏凤凰科学
技术出版社，2015.6
　（面向设计师的编程设计知识系统PADKS）
　ISBN 978-7-5537-4539-8

　Ⅰ．①折⋯ Ⅱ．①包⋯ Ⅲ．①程序设计 Ⅳ.
① TP311.1

中国版本图书馆 CIP 数据核字 (2015) 第 101787 号

面向设计师的编程设计知识系统PADKS

折叠的程序

著　　　者	包瑞清	
项 目 策 划	凤凰空间/郑亚男	
责 任 编 辑	刘屹立	
特 约 编 辑	郑亚男　　田　静	

出 版 发 行	凤凰出版传媒股份有限公司 江苏凤凰科学技术出版社
出版社地址	南京市湖南路1号A楼，邮编：210009
出版社网址	http://www.pspress.cn
总 经 销	天津凤凰空间文化传媒有限公司
总经销网址	http://www.ifengspace.cn
经 销	全国新华书店
印 刷	深圳市新视线印务有限公司

开　　　本	710 mm×1000 mm　1 / 16
印　　　张	17
字　　　数	136 000
版　　　次	2015年6月第1版
印　　　次	2024年1月第2次印刷

标 准 书 号	ISBN 978-7-5537-4539-8
定　　　价	128.00元

图书如有印装质量问题，可随时向销售部调换（电话：022-87893668）。

Foreword
前言

　　面向设计师的编程设计知识系统旨在建立面向设计师（建筑、风景园林、城乡规划）编程辅助设计方法的知识体系，使之能够辅助设计者步入编程设计领域，实现设计方法的创造性改变和设计的创造性。编程设计强调以编程的思维方式处理设计，探索未来设计的手段，并不限制编程语言的种类，但是以面向设计者，具有设计应用价值和发展潜力的语言为切入点，包括节点可视化编程语言 Grasshopper，面向对象、解释型计算机程序设计语言 Python 和多智能体系统 NetLogo 等。

　　编程设计知识系统具有无限扩展的能力，从参数化设计、基于地理信息系统 ArcGIS 的 Python 脚本、生态分析技术，到多智能体自下而上涌现宏观形式复杂系统的研究，都是以编程的思维方式切入问题与解决问题。

　　编程设计知识系统不断发展与完善，发布和出版课程与研究内容，逐步深入探索与研究编程设计方法。

Use Programs to Interpret the Charm of the Folding Process
用程序诠释 "纸" 折叠过程的魅力

在不经意间看到 Paul Jackson 编写的《从平面到立体——设计师必备的折叠技巧，Folding Techniques for Designers:From Sheet to Form》时，作者就产生用程序编写的方法研究折叠过程的想法，编写完《学习 Python——做个有编程能力的设计师》之后，就开始编写《折叠的程序》这本书。《折叠的程序》不仅涉及基本的 Grasshopper 节点式程序编写，同时以 Grasshopper 的动力学扩展组件 Kangaroo 为基础，并使用 Python 编写大量辅助程序。这也是为什么阅读《折叠的程序》需要掌握 Grasshopper、Kangaroo 以及 Python 这三个方面的知识系统。在 caDesign 设计构建的 "面向设计师的编程设计知识系统" 中，如果需要学习 Grasshopper 的基础知识可以阅读《参数化逻辑构建过程》，如果需要学习 Python 可以阅读《学习 Python——做个有编程能力的设计师》，而 Kangaroo 部分直接阅读本书《折叠的程序》。

折叠的过程令人着迷，一张简简单单的纸通过折叠可以构建千变万化的形式，这个过程本身就是形式创造的一种方法。随意拿起一张纸开始把玩，虽然实际折叠过程为设计创作提供了一种设计形式研究的手段，但是如何把这多变的形式转化为实际的建造，能否通过实际的折叠研究出基本的形式，再在计算机中直接构建最终的结果呢？如果在信息化技术已经发展到目前水平的阶段，还在使用 "静态" 构建的方法，就经表现出设计本身的固守，或者对于编程设计知识体系的茫然。设计的过程是创造的过程，实际折叠的过程才是设计的根本，而不是折叠的结果，因此在计算机中使用编程的方法直接开始折叠过程的研究而不是折叠结果的构建。

开始使用 Grasshopper+Kangaroo+Python 编写折叠的过程，并且研究实际折叠过程无法达到的更深入形式探索的领域。在实际折叠过程中并不能精确地控制施加的力，也并不能方便地施加多种形式的力，或者施加具有正弦函数特征的力，这些在实际折叠过程中无法实现的，使用程序编写的方法却可以轻易做到；在实际折叠过程中精确地捕捉折叠过程任意时刻也很难做到，但是计算机的模拟可以在任何迭代的时刻停止甚至记录下每一时刻的形式变化；

更加让设计者头痛的是，实际折叠的形式结果如何转变为实际的建造，基于编程的折叠过程研究本身就是基于数据，因此可以很方便地计算折叠形式的尺寸、角度，以及在基本形式下各种实际建造的变化，例如作为墙体表皮的形式、幕墙的形式、建筑的空间、地形的变化等等与实际结合的方法。

折叠的过程并不是动力学形式研究的全部，仅是动力学形式研究的一种，因此 Kangaroo 所提供的动力学组件并不会全部使用。折叠的过程也不是某个组件的学习，而是一种设计形式研究的方法探索。设计是一种创造，编程设计也是一种创造，一种改变设计过程的创造。

"纸"在程序中表现为 Mesh 的格网，在研究折叠的过程构建具有折痕的"纸"是模拟研究的基础。构建各种形式的格网大部分程序的组件使用 Grasshopper 的 Mesh 组件部分；但是很多富于变化的折痕借助 Python 会更加方便，因此折叠过程研究中积累了大量使用 Python 组织数据的方法，例如组织顶点的排序、组织索引值、树形数据的模式分组等，这些 Python 程序提供了构建 Mesh 格网的一种方法，可以更加方便和容易地构建具有折痕的"纸"。

研究本身是一种乐趣，作为设计形式探索的一种方法——折叠在编程辅助设计研究的基础上，实现更具有创造性的研究过程。

Richie

CONTENTS 目录

Dynamics and Folding Programming

动力学与折叠的程序

1

1 折叠的过程

　　如果告诉设计者用一张纸折叠来完成上图的形式，一般的思考逻辑肯定是通过裁切获取长度较大，宽度较小的纸，只要比例合适而无需计较尺寸，再沿长度方向等分画出一定数量的垂线，沿垂线上下折叠就能够达到目的。但是如果告诉设计者在计算机中借助软件平台完成图式的形式，思考的逻辑方式会有两种可能，一种是直接按照最终的结果进行绘制，即没有折叠的过程；另外一种与实际获取一张纸的折叠过程一样，那么实际折叠过程的逻辑构建过程就是计算机模拟的过程，这个需要借助于动力学的程序来完成。

　　借助于计算机的第一种情况操作流程是静态的思考过程，这个过程完全忽略了实际折叠的逻辑，而仅仅单纯模仿复制结果，这与设计的创造性相违背。设计的创造性往往来源于某一种逻辑构建过程的思考，一旦抓住了某一个逻辑，可以根据该逻辑衍生出更多意想不到的形式结果，这个逻辑构建过程可以比作游戏的规则。象棋的帅（将）每一着只许走一步，前进、后退、横走都可以，但不能走出"九宫"；马每着走一直（或一横）一斜，可进可退，即俗称"马走日字"。如果把棋子比作形式的点，只关注点位置形式的变化，可以衍生出无数种方式。但是每一种结果都是在同一个游戏规则下获取；又或者类似在《学习 Python——做个有编程能力的设计师》一书中阐述的 turtle 程序（海龟绘图）以及类 turtle 程序，规定前进、后退、左转、右转等行走的规则，获取形式的衍生。诸多类似规则的定义不是为了束缚形式的变化，恰恰是构建具有有机整体性、关联性、多变性的基础，更是作为形式思考创造的逻辑。借助于计算机来完成图式的形式必然应该抓住形式衍生的逻辑构建过程，本例中为实际纸张折叠的过程，那么如何实现这个折叠的过程？可以把实际折叠的过程看作依据折痕、边线施加以不同方向的力动态变化的一个过程，借助于 Grasshopper 的动力学扩展组件 Kangaroo 实现。由于是动态模拟的过程，因此可以在一定受力情况下，捕捉任何时间点变化的结果。

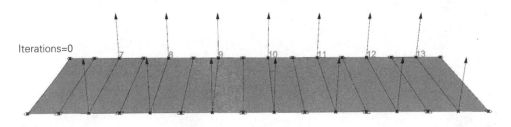

Iterations=0

上图中有箭头标示的为施加具有一定大小方向的力，由方形标示的为被控制的点位置只能沿一定方向移动，本例中只能沿 X 方向移动，圆形标示的为没有任何约束的点位置，其中垂直的等分线相当于折痕。

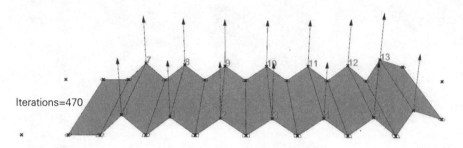

Iterations=470

在设置的初始条件下开始迭代，可以观察每一时刻的形式变化，当迭代次数为 470 时达到上图的形式结果，受到向上力作用的点位置被拉起，被约束的点位置沿 X 方向移动，但是没有脱离基本平面，两端的点位置因为没有约束条件，因此顺势移动，左侧的因为临近的两点位置被约束，因此也会沿 X 方向移动，而右侧两点的临近两点因为受到向上的力，因此也会有被拽起的趋势。

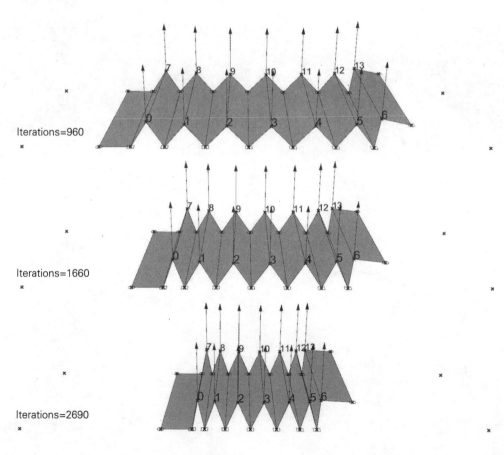

Iterations=960

Iterations=1660

Iterations=2690

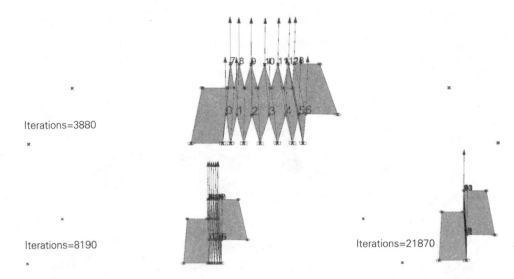

Iterations=3880

Iterations=8190

Iterations=21870

　　捕捉不同时间折叠的状态用于形式的研究要比第一种情况直接绘制忽略折叠过程的方法更具有创造性，设计创造的过程更被看作一定逻辑构建过程（规则）的游戏，具有连续变化的趋势。基于动力学的折叠程序逻辑构建过程的模拟本身来自于实际的折叠过程，但是设计创造的过程不仅是概念的表达，需要考虑实际的建造，标示实际大小的尺寸、确定空间位置、给出各个方向的比例图用于建造，那么基于计算机的模拟要比实际折叠本身更具必要性。同时在设计创作的过程中，尺寸尺度都会根据实际需求以及艺术表达时刻调整比较，基于参数化 Grasshopper 节点编程的方法和动力学 Kangaroo 的模拟，让这个过程更加容易，例如获取划分更多的等分折线在同样初始条件下模拟的结果。

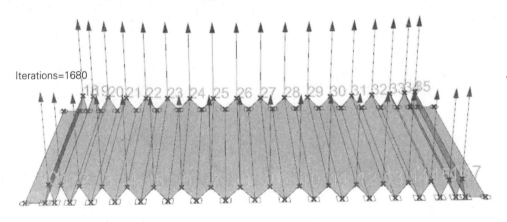

Iterations=1680

　　当然可以调整更多的形式，比较不同的结果，例如希望每个折叠的单元为方形，只需要调整格网的尺寸很容易达到，并快速进行模拟。

1.1 构建具有折痕的"纸"

● 直接使用平面格网 (Mesh) 组件 Mesh
Plane 可以直接构建具有折痕的"纸","纸
张"的大小和划分的数量都可以通过参数
自由控制。Mesh Edges 组件可以提取代表
折痕的线。

对于达到同一个目的的方法有很多，
得到图式的编程结果即可。

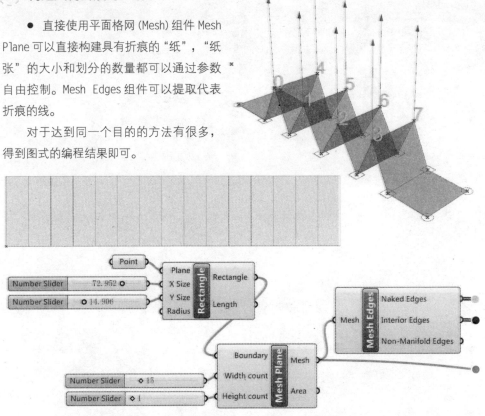

1.2 力对象与解算的几何对象

● 动力学 Kangaroo 主引擎组件 KangarooPhysics 输入端的 Force objects 是力对象的输入，
这里选择了绿色索引标示的位置，使用组件 UnaryForce 给予向上的力；除去两端的其他点位
置使用组件 AnchorXYZ 限制其仅在 X 方向上移动；如果模拟的纸张不具有弹性，例如硬卡纸，
那么各个线段应该保持长度不变，即组件 SpringsFromLine 的输入端 Rest Length 的休止长度
应该等于原始线段的长度。

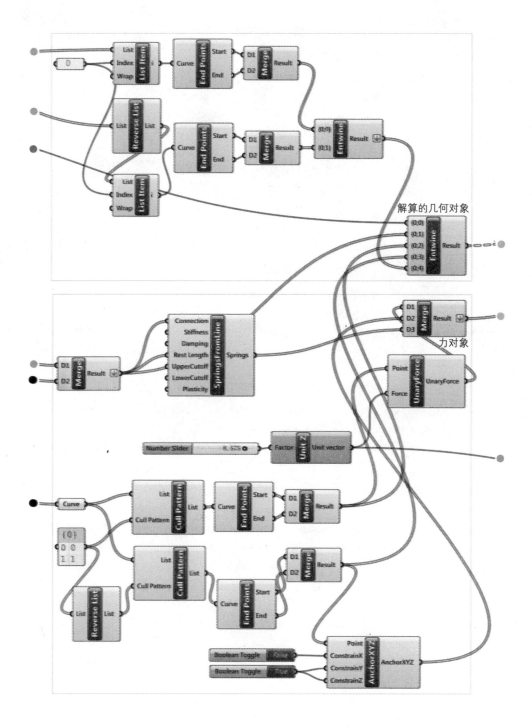

解算的几何对象

力对象

● 在 Kangaroo 主引擎组件 KangarooPhysics 输入端的 Geometry 为待解算的初始几何体对象，可以根据最终模拟的形式需要来选择希望输入的几何对象或者多个几何对象，这些几何对象可以不是同一种类，例如可以是点对象也可以是线、面的对象，但是建议在输入多个几何对象时使用组件 Entwine 将其各自放置于一个路径分支之下，在 Kangaroo 主引擎组件 KangarooPhysics 解算之后仍然能够保持输入时的数据结构，便于进一步的操作。

1.3 解算与几何对象的输出

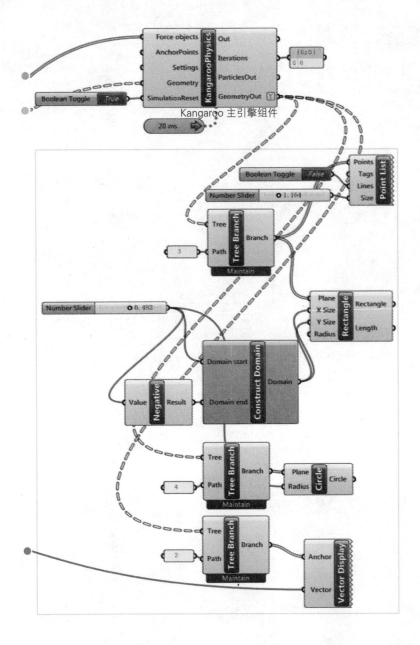

Kangaroo 主引擎组件

● Kangaroo 主引擎组件 KangarooPhysics 是动力学解算的核心，本例中输入端的力对象包括三种，一种是有方向的力 UnaryForce，一种是约束 AnchorXYZ，再者为弹性对象 Springs。这里并没有设置锚点，即输入端 AnchorPoints 的值，Settings 使用默认的值，并不进行全局性的模拟设置。Geometry 输入端即为待解算的几何对象。SimulationReset 是开关，控制是否开始进行解算，布尔值为 False 时开始。另外很关键的是，需要输入时间的参数作为迭代的计数器，在输出端 Iterations 可以观察到迭代的次数。

为了便于观察在动力学模拟下几何形式的变化，对输出几何对象作了一些标示，例如施加了方向力的点使用具有一定大小长度方向的向量标示，方形代表受到一定的约束，圆形则没有任何约束。

设计的创造性并不限制于一种条件的形式模拟，而是尝试各种不同条件下形式的变化。那么在这个过程中，如果希望施加的方向力出现一些变化，例如不是对称均匀的。

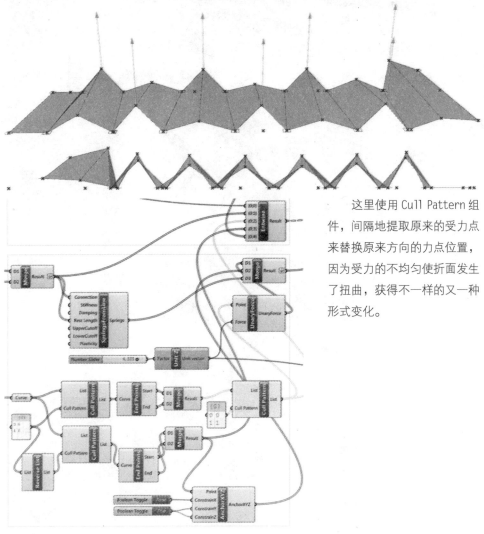

这里使用 Cull Pattern 组件，间隔地提取原来的受力点来替换原来方向的力点位置，因为受力的不均匀使折面发生了扭曲，获得不一样的又一种形式变化。

　　类似的变化不尽其数，这里解除了约束 X 方向点位置并增加了开始两个点作为锚点输入到 Kangaroo 主引擎组件 KangarooPhysics 输入端的 AnchorPoints 固定"纸"的位置开始折叠。在向上力的作用下，离锚点远端被抬升得较高，而越接近锚点面被拉伸得越平。

　　在计算机中对实际折叠过程的模拟，目的并不是为了直接获取最终的形式，而是如何探究折叠的过程来衍生更多的设计形式。动力学的组件为折叠的模拟提供了基础的条件，以此可以探索基于基本逻辑构建过程下的未知形态。实际的折纸过程，直接的操作模式虽然看起来较为方便，但是不如计算机模拟更加快捷，也无法轻易地改变各种初始条件，也很难记录在受力条件下各个时间点的形式变化，计算机的模拟将这一个过程变得更加动态，也更加灵活，甚至直接改变休止长度，模拟具有弹性的线段变化。

2 关于 Kangaroo

http://www.grasshopper3d.com/group/kangaroo 官方网址

"工欲善其事，必先利其器。"获取某种解决问题的方法总是需要基础知识的支撑，况且并不是要掌握摆脱地球引力所需要的动力学知识，用动力学模拟设计形式的衍化所需要掌握的动力学知识并不复杂，主要关注的点仍然在 Kangaroo 组件本身。对于 Kangaroo 的解释使用官方提供的学习手册，将其翻译整理如下，在过程中会适当调整阐述的方法并提供案例辅助说明。

为什么会选择基于 Grasshopper 的动力学扩展组件 Kangaroo 来模拟折叠的过程？用于动力学模拟的软件种类很多，例如 MAYA、3DMAX 以及更加专业的动力学模拟软件平台 Houdini。但是这些动力学模拟更多地倾向于影视类的制作，大部分建筑设计专业所采取的软件平台则更多倾向于工业制造类，例如由 CATIA 发展而来的 Digital Project、Rhinoceros 和 AutoDesk 公司开发更多的专业软件平台等，这些具有工程制造特点的软件平台倾向于实际的制造，这与建筑设计需要现实世界里施工建造一样，因此具有更多工程类数据的支持，方便由虚拟的世界转向现实的世界；另外 Grasshopper 提供了很好的节点可视化编程的平台，同时可以嵌入 Python 编程，并具有参数化的特点，本身就具有未来设计智能化发展的趋势，因此基于 Grasshopper 的 Kangaroo 是提供研究动力学设计形式最佳的平台。

2.1 作者

Kangaroo 可以直接在 Grasshopper 中交互式结构分析、动画模拟、优化、构型的动力学引擎。

设计者：Daniel Piker

研发小组：Robert Cervellione, Giulio Piacentino, Daniel Piker

目前 Kangaroo 的内核算法并不能使模拟十分精确，在使用时建议作为设计师设计的协助工具，帮助构型与设计形态模拟。

2.2 什么是粒子系统 Partical System？

"Particles 粒子对象虽然不占据空间，但是具有质量、位置、速度，能够对各种力做出反应；即使粒子非常简单，却表现出多样的运动行为，例如连接受到阻尼弹簧影响的粒子所建立起来的非刚体结构。

当然在现实的世界里，对象由数不清的粒子所构成，远远超出了模拟的数量，但是在模拟的过程中，将关注点放在点的布置，质量的分配上来获得接近于真实物理动力的模拟。对于设计师群体所开发的动力学模拟系统，尽量避免过于专业的技术知识，使模拟操作更加直接，易于操控。

2.3 Kangaroo 的主引擎组件（Kangaroo Physics Engine）

主引擎组件是在使用 Kangaroo 进行模拟时，一开始就应首先放置的。

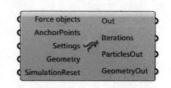

Force objects：模拟中 Kangaroo 所提供的各种影响粒子的力都可以连接到 Force objects 节点上。这些力矢量的形式具有共同的语法表述，因此力之间可以相互作用，在输入到 Force objects 节点上时，应以展开的（Flatten）方式连入；

AnchorPoints：AnchorPoints 定位点（锚点）是在模拟过程中不受到 Kangaroo 各种力形式影响的点，它被固定在其位置上，只有在 Rhinoceros 空间中可以移动，进行交互式的模拟；

粒子合并与对象连接（Particale Consolidation-Joining objects together）：如果一开始输入到 Force objects 与 AnchorPoints 输入端的点不只一个并具有相同的位置，那么在 Kangaroo 模拟中将被连在一起视为一个单独的点存在，没有必要专门对它们事先进行合并。如果 Force objects 力对象的点与 AnchorPoints 的点重合，例如 Spring 弹簧的末端，如果在模拟的过程中移动这些对象，停止模拟后力对象的点不再被连接，在重新设置时需要将模拟过程中移动的这些对象点在 Rhinoceros 空间中移回。

2.4 Kangaroo 设置（Kangaroo Settings）

Kangaroo Settings 用于全局性的模拟设置，连接到 kangaroo Physics 主引擎组件的 Settings 输入端。

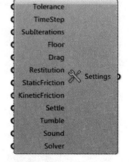

Tolerance：不同点之间的最小距离，当点距小于该值，将被整合为一个点；

TimeSteps：迭代一次所占据的系统时间范围。较小的值能够使结果更加稳定，但是会降低模拟速度。对于较强的力和不易弯曲的弹簧一般需要设置较小的 TimeStep 时间步；

SubIteration：用于计算每次将动力模拟结果进行显示的迭代数；

Floor：用于设置 Floor 地面的开启与关闭，限制粒子是否能够通过 Z=0 的水平面，模拟速度要比 Brep 碰撞快；

Drag：Drag 拖拽（粘力）作用于所有粒子限制其运动，使模拟的粒子运动趋于静力平衡。如果拖拽的力很小，系统将会摆动较长时间；若拖拽力较大，粒子运动则会较慢；

Restitution：恢复指数可以帮助设置粒子之间以及与地面之间的弹性碰撞，值为 1 时，粒子将会被反弹回初始位置；为 0 时，不会发生反弹；

StaticFriction：粒子与地面之间静力摩擦系数；

KineticFriction：粒子与地面之间动力摩擦系数；

Settle：使粒子停止反弹的速度值；

Tumble：设置粒子与地面发生碰撞后保持粒子水平运动速度的数量值，值域为 0 ~ 1；

Sound：音响效果，在目前的版本中不可用；

Sovler：解算器，用于设置 kangaroo 计算粒子运动位置的积分方法；

2.5 工具（Utilities）

kangaroo 包含移出复制的工具：

removeDuplicatePts：用于清理列表中的点。输入 t 项可以设置其容许值，小于该值的粒子将被合并为一个粒子点；

removeDuplicatePts 组件

RemoveDuplicateLines：用于清理列表中的线；

removeDuplicateLines 组件

QuadDivide：格网细分，可以按照组件输入端 Divisions 的参数进一步细分格网；

Divisions=4

NakedVertices：裸顶点可以提取格网最外的点 NakedPts 以及内部点 ClothedPts，并给出索引值；

FoldAngle
interconnectPoints
NakedVertices
Planarity
QuadDivide
removeDuplicateLines
removeDuplicatePts
Trail
VertexNeighbours

NakedVertices 的结果　　　　VertexNeighbours 的结果

VertexNeighbours：根据输入的索引值 Vertex Number 输入项获取格网的点并获取拾取点的周边点；

interconnectPoints：绘制各个点到周边所有其他点的连线；

Planarity：根据输入的 4 个点建立四面体并计算四面体的高度，如果高度为 0 则输入的 4 个点位于一个平面上；

FoldAngle：根据输入的 4 个点的要求，包括共享一条边的两个端点开始点与结束点，以及构建两个三角面的另外两个顶点，计算两个三角面的夹角；

Trail：绘制点移动的轨迹，开始计算时输入端 Reset 设置为 False，Record 设置为 True；

interconnectPoints 的结果

2.6 Kangaroo 的力（Forces）

Running the simulation 运行模拟

运行模拟需要在 Kangaroo 主动力引擎组件的 SimulationReset 输入项连接 Boolean Toggle 组件使用 True 或者 False 控制模拟。在没有 Timer 组件连接到主引擎时，每次只计算一次迭代，同时 Timer 组件可以设置时间步幅，从而控制每次解算更新的时间长度。

Newton's Laws 万有引力定律

物体的动力变化与作用于物体上的冲量成比例，并且沿直线发生。

公式：F=ma Force 力 =Mass 质量 ×Acceleration 加速度

a=F/m

Kangaroo 通过计算所有作用于粒子不同类型的力找到力矢量 F，并使用牛顿第二定律获得加速度，以数值积分法，通过设置的时间步幅计算运动微分方程，获得所有粒子运动轨迹。

注：在 Kangaroo 中 Mass 质量没有自动关联到 Weight 重量上；

质量较大的对象需要较大的力才能改变其速度；

Weight 重量是由于 Gravity 重力而作用于物体上的力；

在现实的世界中，重量与质量成比例，在 Kangaroo 中可以轻松地进行该情形的设置，或者完全各自独立地进行设置达到特别的模拟目的，例如测试单位荷载；

在 Kangaroo 中可以设置粒子重量为 0，但是如果质量为 0，将会引起计算错误；

并不总是需要指定质量值，如果没有特别值的输入，粒子默认的质量为 1；

如果需要指定粒子的质量和速度，需要使用 Particle 组件；

如果包含重力的影响，给粒子一个重量，需要使用 UnaryForce 组件；

To every action there ia always an equal and opposite reaticon

总是存在相等与相对的反作用力

Kangaroo 中使用线段来计算力，每对粒子群之间的相互作用力视为线段的端点之间的相互作用力，该作用力沿线段的方向，使两端的粒子速度增加或者减小。

UnaryForce 组件例外，只应用于单独的粒子群。可以假定为一个无限距离与质量的粒子作用于该粒子的结果。

Every boldy persists in its state of being at rest or of moving uniformly straight forward,except insofar as it is compelled to change its state by force impressed

一般每个物体都会保持直线运动或者静止，除非受到外力的作用迫使其改变本身的状态

如果作用于粒子上的力和为 0，将不会改变其加速度；相反若不为 0，粒子的速度将会发生持续的改变。在模拟过程中设置 Friction 摩擦力和 Drag 拖拽力将会阻止运动，最终使粒子处于合力为 0 的平衡状态下。

Discretization 离散

在 Kangaroo 中 Spring 弹力由两个点决定，并保持为一条直线。为了模拟富有韧性的对象，

需要将对象例如代表绳索的曲线打断为多个 Segment 部分，将弹力作用于每个单独的部分。

Cable 绳索：

可以在 Rhinoceros 或者 Grasshopper 中
将线段分段；

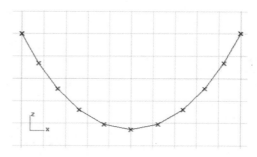

Sheet materials-memberances,fabrics,paper etc 板材 - 薄膜，织物，纸张：

在 Kangaroo 中建立板材最简单的方法就是使用富有弹力的栅格 Grid。另外 Grasshopper
的扩展组件 Weavebird 能够很好地提取格网 Mesh 的边协助动力学模拟。也可以使用 UTO 的
Mesh 工具。

对于 Rest Length 值为 0 的栅格，栅格面积将不断地缩小直至消失。如果想避免该种情况
例如模拟富有张力的织物，需要设置每个线段部分 Rest Length 值在 0 ~ 1 之间变化。也可以
增加 Mesh 面外的 Stiffness 弹簧刚度。对于悬链线的动力模拟，结果长度会比初始长度长，
因此 Rest Length 的值应比初始长度大。

模拟现实中布料的运动，需要增加剪切力 Shear springs（对角线），来阻止方格网变形
为菱形。对于该类模拟有很多增加对角线的方法：

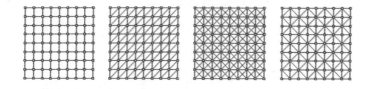

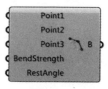

Bend 组件

Rods 棒条体：

通过设置 3 个点可以模拟抗弯曲运动，该组件会使用于模拟的点尽量保持在一条直线上。
对于棒条体可以固定其末尾端点为 AnchorPoints 进行模拟。

目前 Kangaroo 还不能模拟 1D 元素的抗扭性。

Springs：

开始使用 Springs 组件进行整个结构的动力学模拟看起来有些奇怪，
但是这并不是讨论车弹簧以及床垫的问题，任何具有弹性的对象都可以
对其施加 Springs 来模拟拉伸和压缩。

Hooke's law 胡克定律是力学弹性理论中的一条基本定律，表述为固
体材料受力之后，材料中的应力与应变（单位变形量）之间成线性关系。

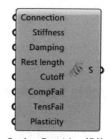

SpringsFromLine 组件

满足胡克定律的材料称为线弹性或胡克型（英文 Hookean）材料。

从物理的角度看，胡克定律源于多数固体（或孤立分子）内部的原子在无外载作用下处于稳定平衡的状态。

许多实际材料，如一根长度为 L、横截面积 A 的棱柱形棒，在力学上都可以用胡克定律来模拟——其单位伸长（或缩减）量 ε （应变）在常系数 E（称为弹性模量）下，与拉（或压）应力 σ 成正比例，即：σ = E ε

或者：

$$\Delta L = \frac{1}{E} \times L \times \frac{F}{A} = \frac{1}{E} \times L \times \sigma$$

其中 ΔL 为总伸长（或缩减）量。胡克定律用 17 世纪英国物理学家罗伯特·胡克的名字命名。胡克定律仅适用于特定加载条件下的部分材料。钢材在多数工程应用中都可视为线弹性材料，在其弹性范围内（即应力低于屈服强度时）胡克定律都适用。另外一些材料（如铝材）则只在弹性范围内的一部分区域行为符合胡克定律。对于这些材料需要定义一个应力线性极限，在应力低于该极限时线性描述带来的误差可以忽略不计。

还有一些材料在任何情况下都不满足胡克定律（如橡胶），这种材料称为"非胡克型"（non-hookean）材料。橡胶的刚度不仅和应力水平相关，还对温度和加载速率十分敏感。

胡克定律在磅秤制造、应力分析和材料模拟等方面有广泛的应用。

在 Kangaroo 中，开始的长度由曲线的长度确定。Rest Length 休止长度或者称之为自然、松弛长度，由 Rest Length 输入端输入。如果不提供该输入值，默认值为零。如果想使该值与初始长度一样，则可以将曲线的长度连入，也可以提供一个乘积，使休止长度为初始长度的倍数。如果乘数在 0 ～ 1 之间，则类似于弹簧的预拉伸。

Spring

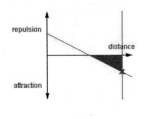

　　Kangaroo 中的力计算图式，水平轴向表示弹力的自然长度；弹簧的弹力越大，其线越陡；

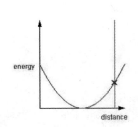

　　势能变化图式，动能 Kinetic energy 越大，其势 Potential energy 越小，反之亦然。当不存在拖拽力时，将在相对的同一高度滑动，动能和势能不断地转换；

Zero rest-length spring 休止长度为 0 时

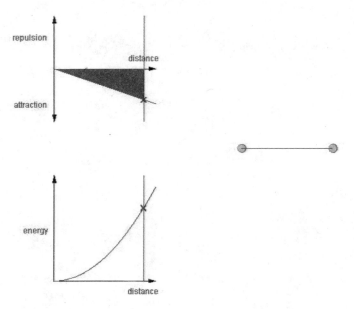

　　休止长度为 0 的动力模拟可以应用到最小曲面模拟中，将 Mesh 面的边设置为 0 长度即可；

Cut-offs 切断

Balls(Spring with positive Cutoff):

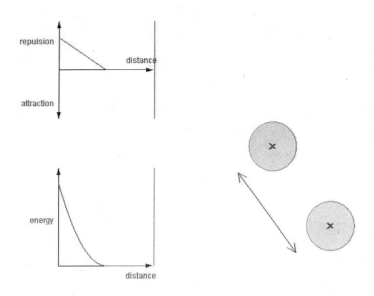

　　SpringCutoffs 输入项可以控制弹力在一个指定的距离上失效；如果该值与弹簧长度一致，那么粒子模拟类似于对一对未碰触的固体球不施加力的作用，为正值时，在该范围内弹簧力有效；为负值时，在该范围外弹簧力有效；为 0 时，则在任何距离都有效。

Balls(Spring with negative Cutoff):

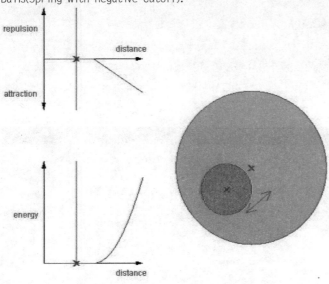

Power Laws 幂定律:

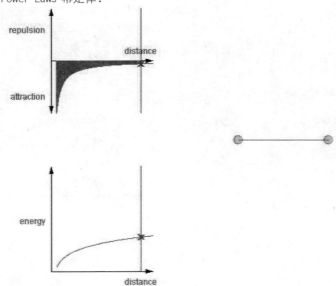

  在模拟过程里使用幂函数能够获得较大的负指数。使力在一个较短的距离内急速增加，类似于靠近的物体爆炸式的分离。较小的指数值例如 0.1 可以减小这种效应。

  图式为指数为 −1 时的情况，随着距离的增加，吸引力由急速降低到逐渐趋于 0。在 Kangaroo 中指数值仅为整数值。当使用幂函数，为正值时，粒子间的斥力随距离而增大；为负值时，粒子间的引力随距离而减小。

  The simulation oscillates wildly or explodes　模拟失真

Kangaroo 是以不连续的时间步计算近似于连续的运动模拟，所以偶尔会发生错误，例如在处理非常硬的弹簧、粒子时容易引起计算失败，这时可以适量松弛弹力，或者减小时间步，例如从 0.01 到 0.001。增加牵引力和阻尼值也会有所帮助。小的时间步意味着更多的计算，模拟运行速度会降低。抵消这种情况的方法可增加主引擎 SubInterations 输入项的值。

Kangaroo 中涉及各种力的形式：

	Align		Bend
	CollideSurf		Conicalize
	CurvePull		Developablize
	Equalize		EqualizeN
	Hinge		Laplacian
	Planarize		Planarize
	PowerLaw		Pressure
	PullToMesh		PullToSurf
	Rocket		Shear
	SpringsFromLine		TangentIncircles
	UnaryForce		Vortex
	Wind		

2

\<Folding Techniques\>
Starting Folding Programming
开始折叠的程序《从平面到立体》

《从平面到立体——设计师必备的折叠技巧》，［英］保罗·杰克逊
\<Folding Techniques for Designers:From Sheet to Form\>,Paul Jackson
Text@2011 Paul Jackson
Translation@2012 Shanghai People's Fine Art Publishing House 上海人民美术出版社

"所有俄设计师都会折叠。

也就是说，所有的设计师都会折缝、打褶、弯折、下摆、聚集、纠缠、合页、瓦楞、悬垂、扭曲、卷起、弄皱、塌陷、涟漪、面、曲线或者包裹二维片材等折叠手法，来创造三维物体。这些三维物体可能不像折纸模型那么好看，或者只是一个局部细节，但大多数仍以某种方式折叠了全部或部分。由于几乎世界上所有的物体都是由片材制作而成（例如面料、塑料、金属板材、纸板），或是用组件制造出来的板材形式（例如，用砖块砌成的砖墙就是一个平面形），因此，折叠被视为所有设计技巧中最常见的方法之一。"

——《从平面到立体——设计师必备的折叠技巧》

如果希望研究实际的折叠技巧，可以从《从平面到立体——设计师必备的折叠技巧》这本书中获取，折叠的程序也是依据 Paul Jackson（作者）的思路开始展开，将实际的折叠过程借助于计算机，编写程序模拟的方式实现，实现的方法是对实际折叠逻辑构建过程的把握，将设计创造的本质作为核心程序编写的过程。在折叠的程序研究过程中，计算机模拟的技术可以让这个过程更具有创造力，因为可以更加方便地调整参数，例如变换力的方向、大小以及研究模型的尺寸、尺度，这个模拟的过程同样也是一个参数化的过程，构建前后联动的有机体的程序，将折叠的程序与建筑设计更好地融合。

1 变换旋转

实际折叠的过程中，最为重要的一步是开始准备的折痕划分，例如准备变换旋转放射性划分为 16 份，又或者 32 份，然而这些基本的准备工作在计算机模拟中变得异常简单。可以

将折痕的划分理解为 Mesh 格网的建立，每一个单元就是一个单元格网。

　　变换旋转的折叠过程与第一章开始的案例基本一致，只是由矩形的"纸"变换为圆形，由垂直平行的划分改变为放射形划分。在折痕程序的研究过程中，划分完全可以并不是等分的情况，例如使用随机函数更加自由的划分方式会获得不一样的变化形式。

　　这里对待折叠的"纸"间接的同时施加向上和向下的方向力，从而使图形尽量保持在原来的位置上。其中标示为黑色向上的力和红色向下的力除了方向相反，大小则相等。

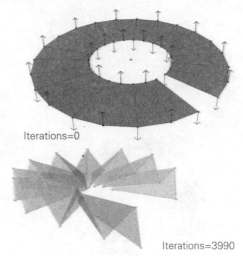

Iterations=0

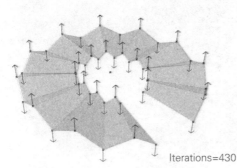

Iterations=430

Iterations=3990

1.1 构建具有折痕的·"纸"

● 拾取点建立两个同心圆，分别等分为同样的数量，连为折线并打断，获取各个线段的端点，使用组件 Flip Matrix 翻转数据，每一个分支下的 4 个点构建一个单元格网，并所有单元格网组合成一个格网。

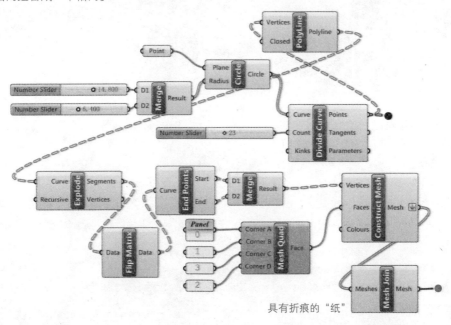

具有折痕的"纸"

1.2 力对象与解算的几何对象

● 如果只给向上的力，或者向下的力，与同时给最后的形式结果基本一样，但是单纯向上的力会使对象被整体抬高，向下的则整体被下移，如果希望"纸"能够基本保持在原来的位置，则施加相反方向的两个力。

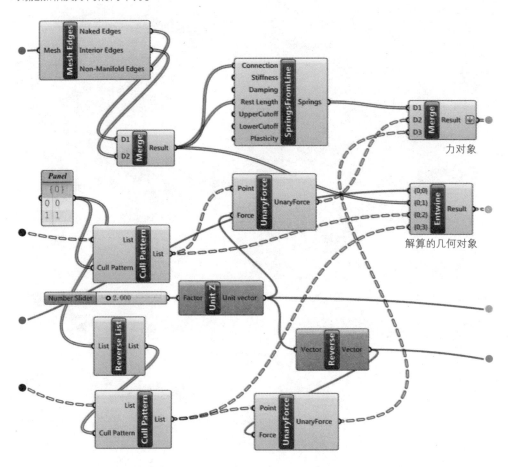

1.3 解算与几何对象的输出

● 使用动力学组件 Kangaroo 来编写折叠的程序，一般分为三步，第一步是构建具有折痕的"纸"，即 Mesh 格网，作为动力学解算的对象；第二步是编写力对象与拾取解算的几何对象，力对象是对"纸"施加的力，根据研究内容的不同和形式构建的差异选择不同的力对象，例如 UnaryForce 一元力（沿向量的力）、Vortex 涡旋力等，更多的力对象可以查看 Kangaroo 提供的力的形式；第三步则是解算与几何对象的输出，可以设置时间 Timer 的 Interval 间隔，来加快或者减慢解算的速度。

整个动力学程序编写的步骤比较明确，核心是如何施加力对象，其中 SpringsFromLine 弹力在折叠程序中起到关键的作用，来控制"纸"的弹性，如果移除该力，模拟的过程中"纸张"就会被拉伸，与实际的折叠过程不符，造成错误。

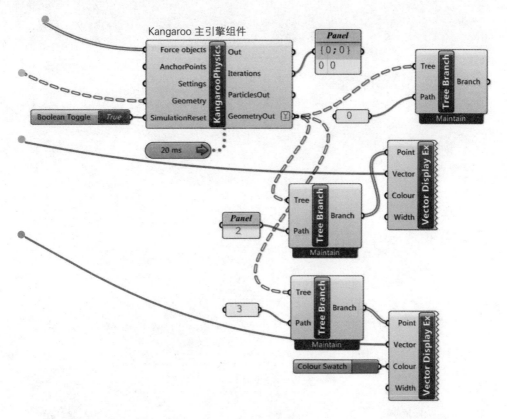

　　设计的创造需要发散的思维方式，如果获得了一个切入点，那么根据这个切入点就可以发散出更多的设计形式。更何况计算机模拟编写程序的方式让整个过程更容易实现。变换旋转的设计只是规矩的等分折叠，如何在保持基本的逻辑构建过程不变的条件下，得到更富于变化的折叠形式？这里只是将规矩的等分变为随机的划分，并将施加的力仅仅放置于一侧，另一侧则取消施加的力，即可衍生出不一样的形式变化。

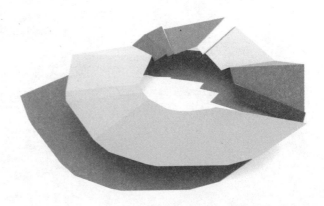

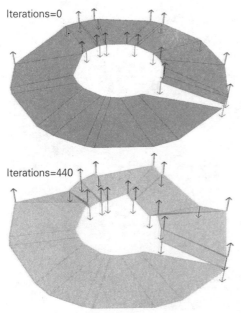

Iterations=0

Iterations=440

根据设计目的调整程序，一部分是如何编写随机的等分点，核心使用的组件是 Evaluate Length，由 Random 建立随机数据；另外需要调整的程序是去除一部分欲施加力的点位置，可以直接使用 Subtraction 提取原来部分的数据。

调整完程序直接对应原来程序连接位置，即建立了新的初始条件，初始条件的改变并没有变化基本的逻辑构建过程，仍然是变换旋转"纸"折叠的过程。

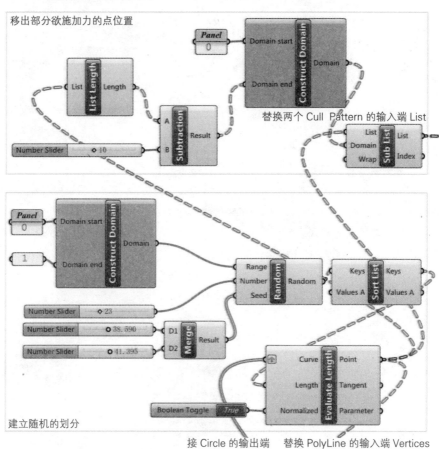

移出部分欲施加力的点位置

替换两个 Cull Pattern 的输入端 List

建立随机的划分

接 Circle 的输出端　　替换 PolyLine 的输入端 Vertices

2 对称重复

Paul Jackson 在阐述折叠技术时，将同一个基本图式 (motif) 以某种形式重复出现的方式定义为对称重复，并分为 4 种基本形：平移、反射、旋转和滑动反射，这些形式都是二维对称。

在折叠程序的研究中，核心的逻辑构建过程是以 Paul Jackson 的折叠技术为出发点，本质的设计创造没有发生变化。构建对称的基本图形并连续地重复复制，在 Grasshopper 中以 Mesh 格网的方式实现，建立具有折痕的"纸"需要掌握 Mesh 格网的构建方法。

2.1 平移

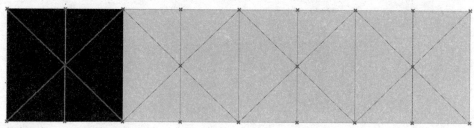

基本图式

黑色的区域为一个基本图式，作为单元，沿一个方向不断地复制，并且这个基本单元沿蓝色线左右镜像。在实际折叠的过程中存在谷状折叠，将折痕向内凹，即图中基本图式中蓝色线；峰状折叠与谷状折叠相反，向外凸，基本图式中红色线。在程序编写的过程中，谷状折叠和峰状折叠也为力方向的施加提供了基础的参考，因为 Kangaroo 提供的力对象编写模式更多地作用于点上，因此将向上的力理解为峰状折叠，但是作用于红色折痕的交叉点上，而谷状折叠作用于蓝色折痕的两个端点。同时为了保持格网基本在原始的位置上，约束了基本图式单元的顶点仅沿 X 方向运动。

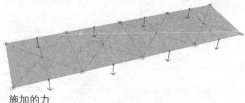

施加的力

计算机的动力模拟与实际的折叠还是存在一定的差异，因为限制于虚拟模拟操作的模式，即使使用其他的动力学模块也会与实际的情况有所出入。虽然操作方法上差异很大，但是在达到同一个目的的过程中所遵循的设计思想（折叠的方法）相同。在模拟的过程中力的施加方式也并不唯一，同时去除向下的力和对象的约束，其他未受力点对象也会受到重力的作用，在向上力的作用下，向上运动的过程中向下拖曳达到同样折叠的效果。

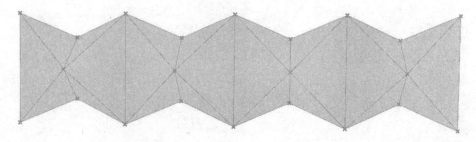

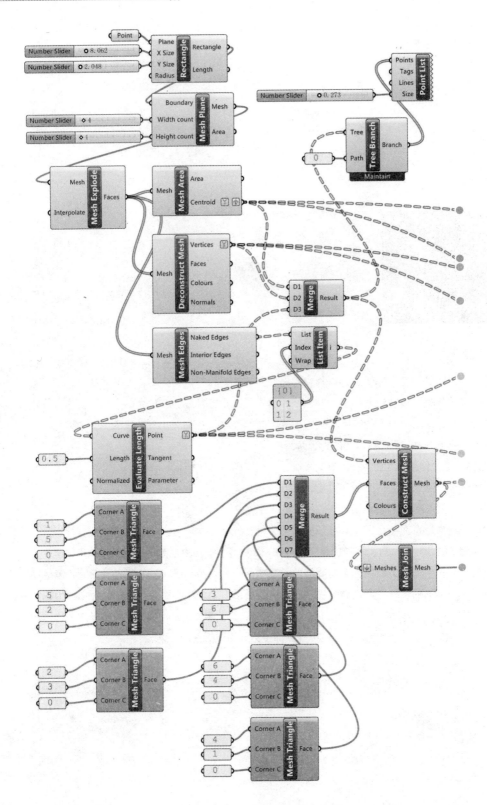

1 构建具有折痕的"纸"

● 根据折痕来构建 Mesh 面（格网），往往占据了大部分程序，是动力模拟的基础。基本图式单元由 6 个面构成，首先获取可以构建这 6 个面的顶点，将各个单元的 7 个点分别放置于一个路径分支之下，组织点的排序分别构建每个三角面的 face 即顶点排序，使用面构格网的方法 Construct Mesh 构建格网。

基本图式，根据折痕构建面

2 力对象与解算的几何对象

● 力对象包括向上和向下的一元力，一个约束以及控制线段休止长度的弹力。解算的几何对象仍然是进一步的设计所需要的几何对象，可以根据设计的阶段任意增加或者减少。

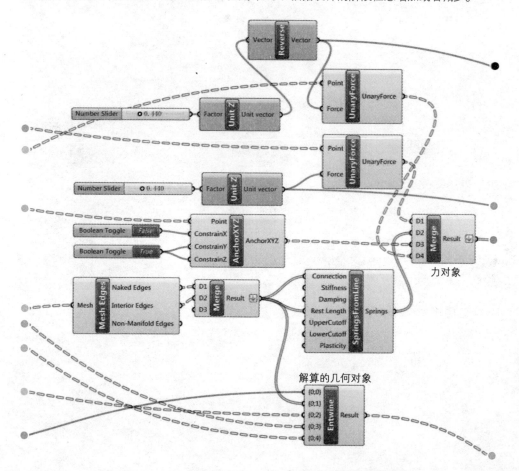

3 解算与几何对象的输出

● 几何对象的输出一类为进一步设计所需的几何对象，例如面、边线以及顶点，另外一类是用于标示力方向和大小的向量所需要的位置点以及向量，和施加约束的点等，目的是为了说明"折纸"受力的情况。

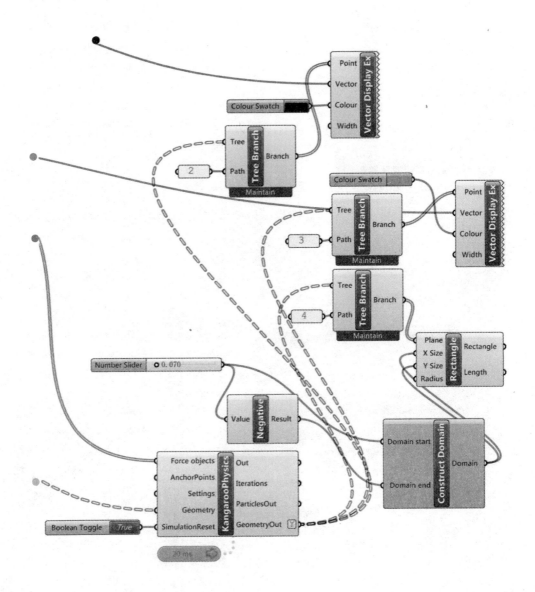

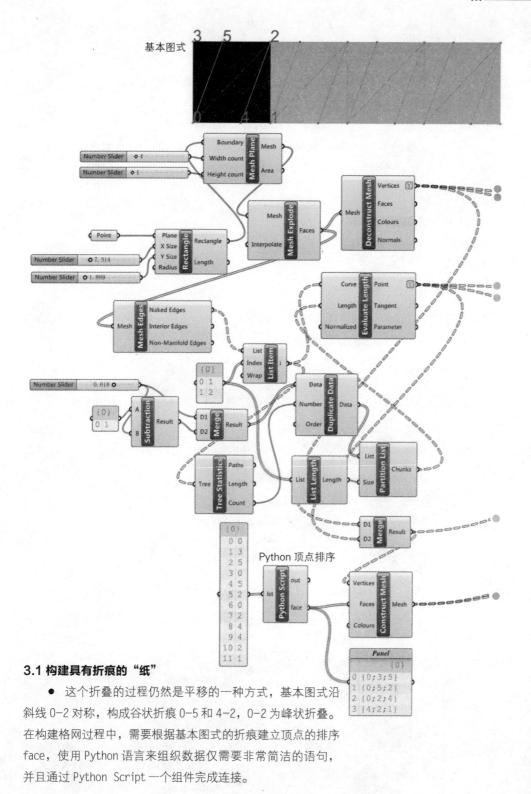

基本图式

Python 顶点排序

3.1 构建具有折痕的"纸"

　　● 这个折叠的过程仍然是平移的一种方式，基本图式沿
斜线 0-2 对称，构成谷状折痕 0-5 和 4-2，0-2 为峰状折叠。
在构建格网过程中，需要根据基本图式的折痕建立顶点的排序
face，使用 Python 语言来组织数据仅需要非常简洁的语句，
并且通过 Python Script 一个组件完成连接。

Python 顶点排序

```
lst=[int(i) for i in lst] # 将输入的列表字符串转换为整数
lsta=lst[::3] # 使用分片的方法拾取 face 顶点排序的第 1 个点
lstb=lst[1::3] # 使用分片的方法拾取 face 顶点排序的第 2 个点
lstc=lst[2::3] # 使用分片的方法拾取 face 顶点排序的第 3 个点
ziplst=zip(lsta,lstb,lstc) # 使用 zip() 并行迭代函数组织顶点排序的元组
face=['(%s;%s;%s)'% i for i in ziplst] # 使用字符串格式化的方法组织为 Grasshopper 顶点排
序 face 的格式
```

3.2 力对象与解算的几何对象

● 力对象包括向上和向下的一元力以及控制线段休止长度的弹力。这里将基本图式的 4 个顶点施加向上的力，而谷状折痕的顶点施加向下的力，向上和向下的力给了不同的大小，尽量控制解算对象偏移的距离。

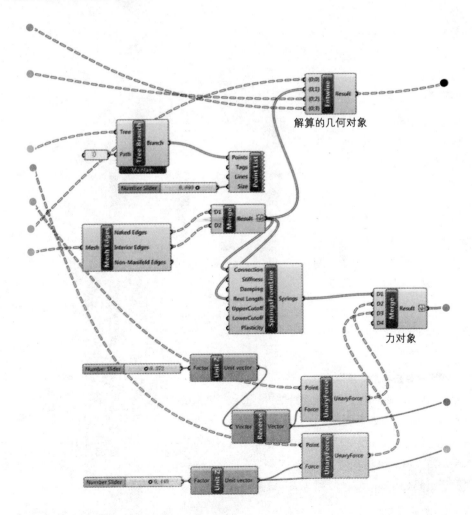

解算的几何对象

力对象

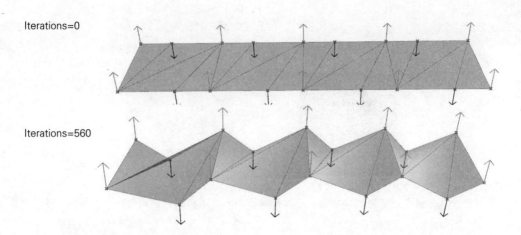

Iterations=0

Iterations=560

3.3 解算与几何对象的输出

● 输出折叠的"纸",折痕与边线以及用于标示力方向的点。

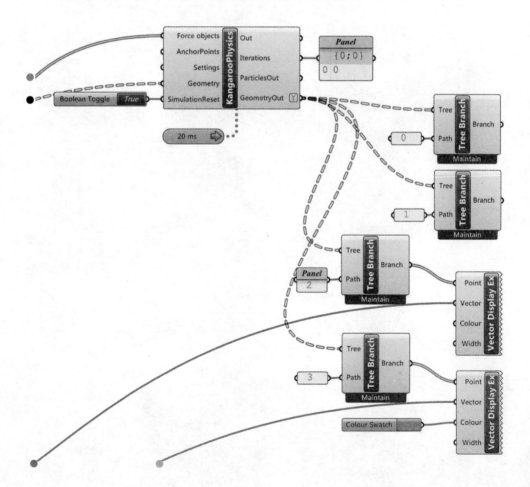

2.2 反射

基本图式

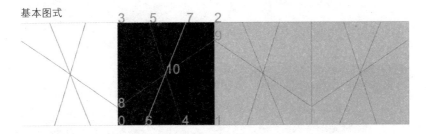

　　黑色的区域是白色区域的镜像，可以理解为白色区域和黑色区域为一个基本图式不断地沿一个方向复制；也可以理解为白色区域为一个基本图式，黑色区域镜像白色区域并依次类推不断地镜像前一个。反射的折叠方法较之平移增加了变化，图式和折叠出来的图形也有所丰富。基本图式变化的增加会增加构建具有折痕的"纸"的难度，但是基本的构建思想仍然没有变化，构建具有折痕的"纸"＋力对象与解算的几何对象＋解算与几何对象的输出。

Iterations=1230

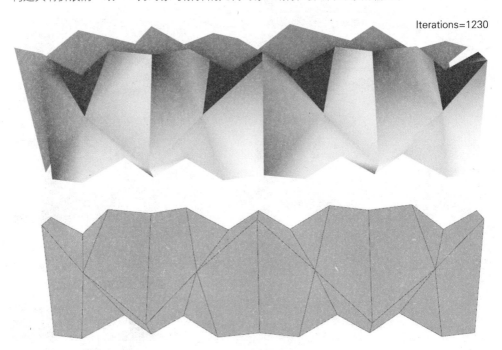

1 构建具有折痕的"纸"

● 反射的基本图式因为存在比邻镜像因此需要两个构建折痕"纸"的过程，并再将两套格网合并。这两套格网因为互为镜像，存在数据上的关联。

为了简化程序将重复提取点的过程使用 Cluster 封装程序组件；对于顶点排序 face 则使用 Python 语言编写，因为基本图式既存在三边面也存在四边面，在 Python 程序编写时需要调整语句。

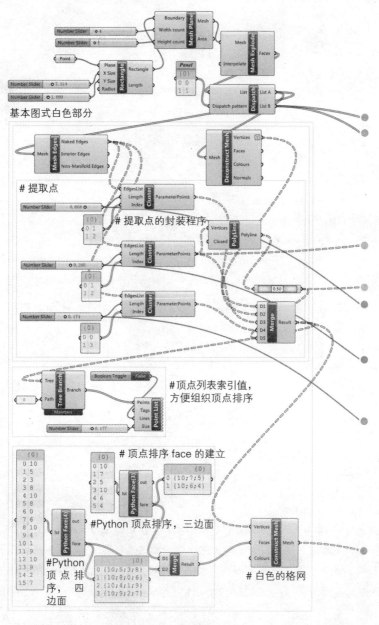

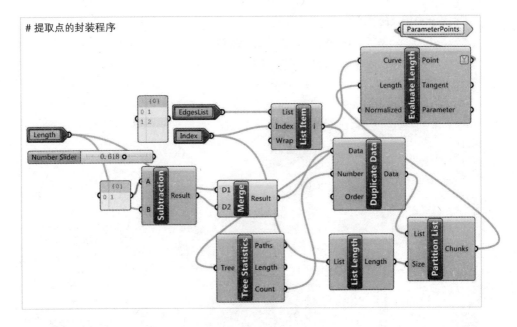

\# 提取点的封装程序

#Python 顶点排序，三边面

lst=[int(i) for i in lst] # 将输入的列表字符串转换为整数

lsta=lst[::3] # 使用分片的方法拾取 face 顶点排序的第 1 个点

lstb=lst[1::3] # 使用分片的方法拾取 face 顶点排序的第 2 个点

lstc=lst[2::3] # 使用分片的方法拾取 face 顶点排序的第 3 个点

ziplst=zip(lsta,lstb,lstc) # 使用 zip() 并行迭代函数组织顶点排序的元组

face=['{%s;%s;%s}'% i for i in ziplst] # 使用字符串格式化的方法组织为 Grasshopper 顶点排序 face 的格式

#Python 顶点排序，四边面

lst=[int(i) for i in lst]

lsta=lst[::4]

lstb=lst[1::4]

lstc=lst[2::4]

lstd=lst[3::4]

ziplst=zip(lsta,lstb,lstc,lstd)

face=['{%s;%s;%s;%s}'% i for i in ziplst]

● 黑色部分基本图式的构建与白色部分基本一致，只是为了获取镜像的形式在提取点的过程中，输入的提取长度应该为 1 减去对应白色图式提取的长度。另外需要注意的是，在构建顶点排序 face 时，需要根据各自点列表排序的索引值调整输入端顶点索引值的位置，如果存在灰色的面则说明面的法向反了，需要调整顶点排序的位置，直至为正常的透明红色。

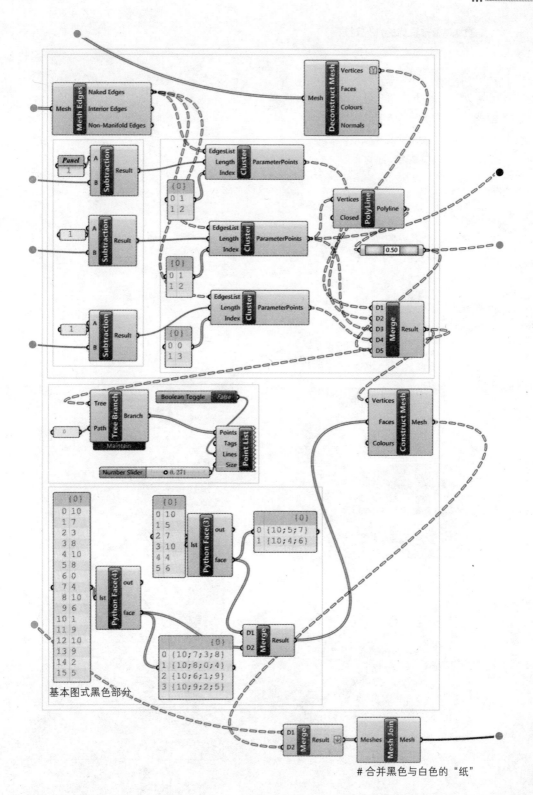

基本图式黑色部分

#合并黑色与白色的"纸"

2 力对象与解算的几何对象

● 因为格网中存在四边面,在使用 Kangaroo 解算时是对点施加力,因此四边面可能会按照潜在的三边面发生变形,为此可以将四边面的对角线提取出来,将其休止长度设置与初始长度一致,基本可以控制四边面被弯折。

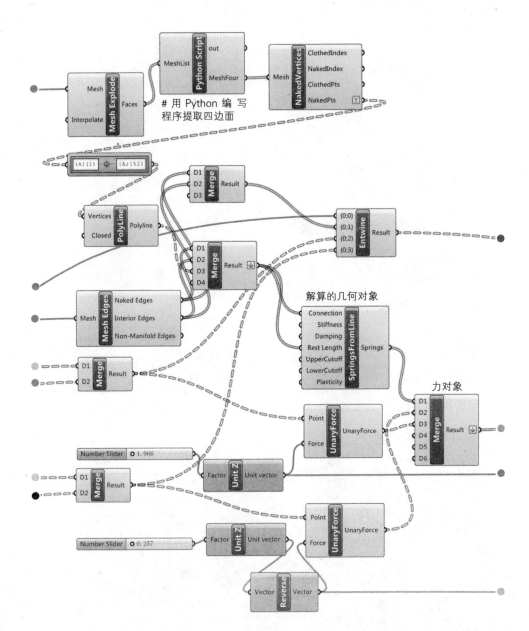

用 Python 编写程序提取四边面

解算的几何对象

力对象

用 Python 编写程序提取四边面

import rhinoscriptsyntax as rs # 调入 rhinoscriptsyntax 模块

MeshFour=[] # 建立空的字典用于放置四边面

for i in MeshList: # 循环遍历格网列表

    if rs.MeshQuadCount(i)==1: # 判断格网是否为四边面，如果是则为 1，否则为 0 即三边面

        MeshFour.append(i) # 将四边面逐一追加到空列表中

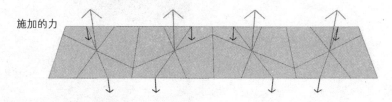

施加的力

3 解算与几何对象的输出

●输出折叠的"纸"，折痕与边线以及用于标示力方向的点。

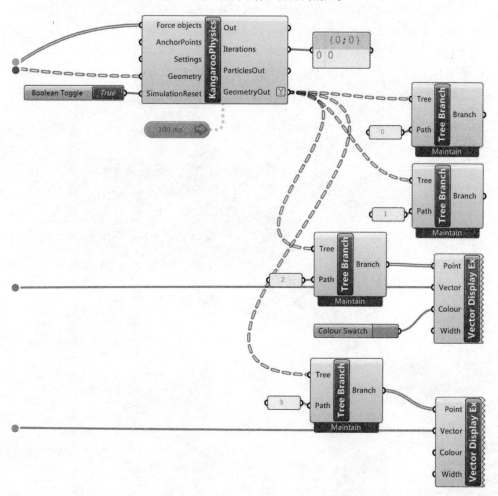

(2.3) 旋转

基本图式

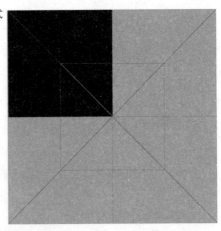

黑色区域为基本图式，沿一点旋转复制构建折叠的基本折痕。旋转折叠的过程与平移的方式差异很大，在折叠的力方向上可能是一种"塌陷"或者"隆起"，而且这个过程往往以中心点为核心。如果想构建更加丰富的形式，除了以中心点"塌陷"或者"隆起"，在四角也可以采取同样的操作。因为旋转的折叠方式，在力对象的编写上增加了 PowerLaw 即沿直线排斥或者吸引达到"塌陷"或者"隆起"的目的。

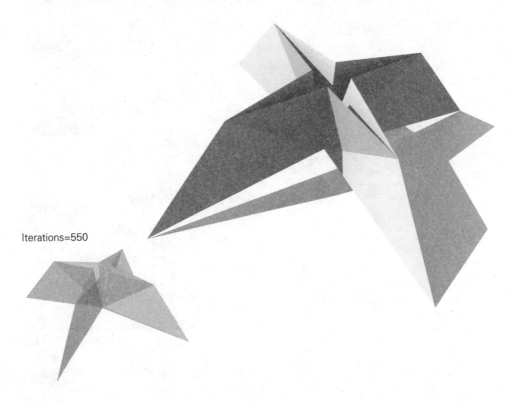

Iterations=550

1 构建具有折痕的 "纸"

● 通过构建基本图式再旋转合并的方式构建具有折痕的 "纸 "，这里将之前 Python 顶点排序 face 的程序进行了调整，将分别构建三边面和四边面顶点排序的 Python 程序合并在一个程序之下，从而简化了程序。

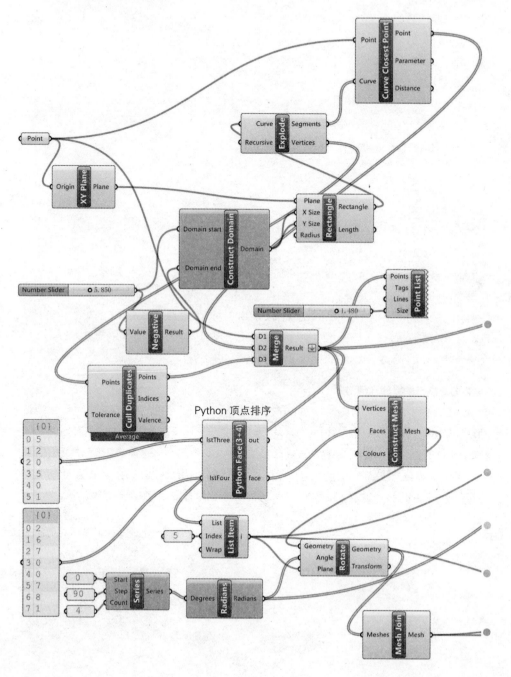

```
#Python 顶点排序
def facethree(lst): #定义三边面顶点排序的函数
    lst=[int(i) for i in lst]
    lsta=lst[::3]
    lstb=lst[1::3]
    lstc=lst[2::3]
    ziplst=zip(lsta,lstb,lstc)
    face=['{%s;%s;%s}'% i for i in ziplst]
    return face
def facefour(lst): #定义四边面顶点排序的函数
    lst=[int(i) for i in lst]
    lsta=lst[::4]
    lstb=lst[1::4]
    lstc=lst[2::4]
    lstd=lst[3::4]
    ziplst=zip(lsta,lstb,lstc,lstd)
    face=['{%s;%s;%s;%s}'% i for i in ziplst]
    return face
ft=facethree(lstThree) #执行三边面顶点排序函数并将返回值赋值给新定义的变量
ff=facefour(lstFour) #执行四边面顶点排序函数并将返回值赋值给新定义的变量
face=ft+ff #执行列表相加把顶点排序放置于一个列表之下
```

2 力对象与解算的几何对象

● 施加不同的力对象以及不同力的方向会产生不同折叠的结果。为了获得中间点"塌陷"的形式，对向内靠拢的点施加向内的力，因为力对象位于同一条直线上并相反，因此可以使用 PowerLaw 的力形式。如果仅仅存在 PowerLaw 施加的力，"纸"并不会折叠，因为力互相抵消，必须在合适的点位置施加向下的力，使"纸"发生变化，PowerLaw 施加的力随即会起作用。

用 Python 编写程序提取四边面的组件可从前述案例中直接调用即可，反射的第二步阐述了程序编写的过程。

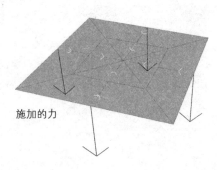

施加的力

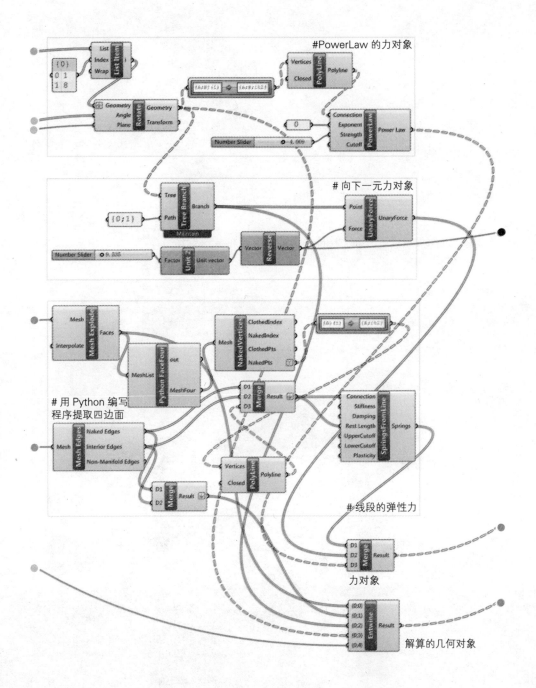

#PowerLaw 的力对象

List Item

{0}
0 1
1 8

Index
Wrap

Geometry Geometry
Angle   Rotate Transform
Plane

Number Slider   4.009

{A;B}{1}   {A;B}{1;2}

Vertices Polyline
Closed PolyLine

Connection
Exponent
Strength PowerLaw Power Law
Cutoff

向下一元力对象

Tree   Branch
Path   Tree Branch
Maintain

Point UnaryForce
Force UnaryForce

{0;1}

Number Slider   9.535

Factor Unit   Unit vector

Vector Reverse Vector

用 Python 编写
程序提取四边面

Mesh Mesh Explode Faces
Interpolate

MeshList Python FaceFour MeshFour
out

Mesh NakedVertices ClothedIndex
NakedIndex
ClothedPts
NakedPts

{A}{1}   {A;1}{2}

Mesh Mesh Edges Naked Edges
Interior Edges
Non-Manifold Edges

D1
D2 Merge Result
D3

Connection
Stiffness
Damping
Rest Length SpringsFromLine Springs
UpperCutoff
LowerCutoff
Plasticity

D1
D2 Merge Result

Vertices Polyline
Closed Polyline

#线段的弹性力

D1
D2 Merge Result
D3

力对象

{0;0}
{0;1}
{0;2} Entwine Result
{0;3}
{0;4}

解算的几何对象

3 解算与几何对象的输出

● 输出折叠的 "纸" ，折痕与边线以及用于标示力方向的点。

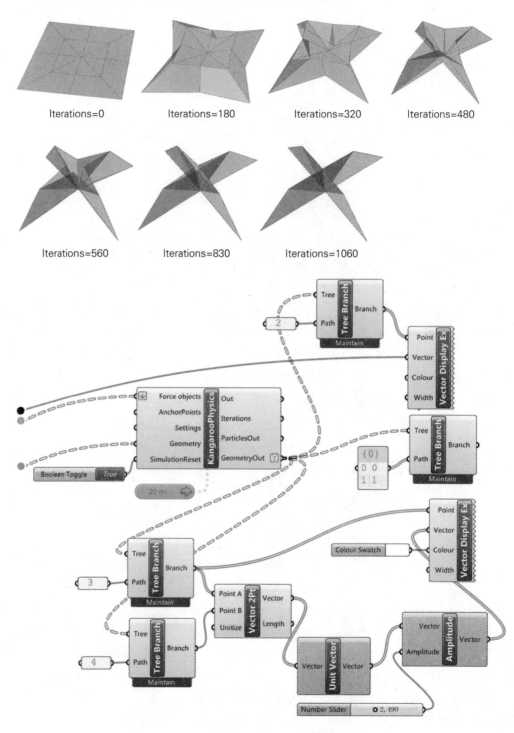

Iterations=0   Iterations=180   Iterations=320   Iterations=480

Iterations=560   Iterations=830   Iterations=1060

2.4 滑动反射

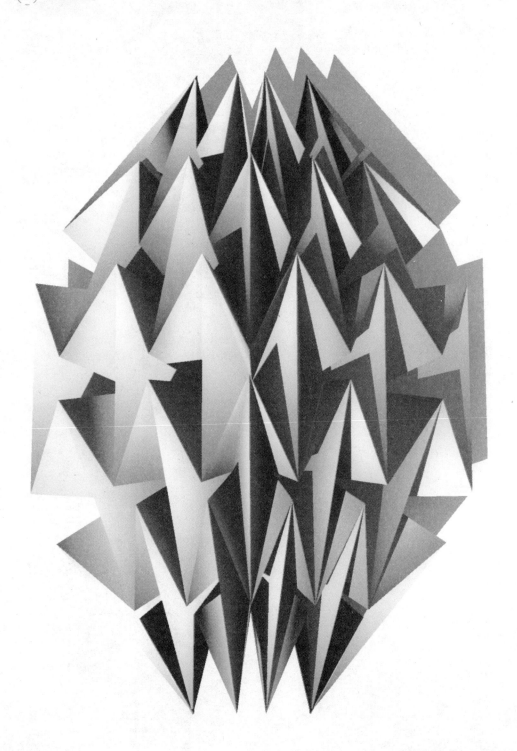

基本图式

Paul Jackson 将滑动反射定义为以一个基本图式为单元,进行平移和反射,但不一定要沿直线进行。

在设计折叠的过程时,更多地应该从基本图式考虑设计的方法,如果图式发生变化,折叠的过程也会有所变化,这个实际折叠的过程往往直接用于程序编写的逻辑构建过程。但是也有一些特殊情况,例如本例采取下图基本图式的方法会方便程序的编写。

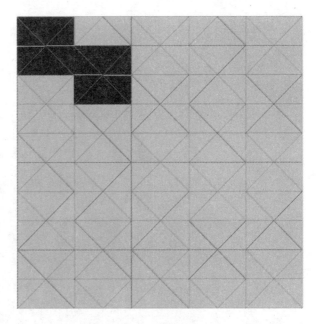

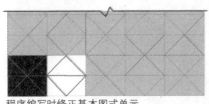

程序编写时修正基本图式单元

1 构建具有折痕的"纸"

● 基本图式黑色区域和白色区域编写过程基本类似，但是需要注意顶点的不同以及顶点排序的不同。在对基本图式分组时使用了 Python 编写树型数据组织的程序，该部分程序等同于最上部分白色边框圈起的 Grasshopper 组件编写的程序。

```
# 用 Python 编写的树型数据组织
import Rhino
import rhinoscriptsyntax as rs
from Grasshopper import DataTree
# 调入类 DataTree
from Grasshopper.Kernel.Data
import GH_Path # 调入函数 GH_
Path
data=TreeData # 将外部输入数
据赋值给新定义的变量 data
a=DataTree[Rhino.Geometry.
GeometryBase]() # 定义空的树型
数据
b=DataTree[Rhino.Geometry.
GeometryBase]() # 定义空的树型
数据
pathslst=data.Paths # 获取路径
for i in range(data.BranchCount):
# 循环遍历树型数据
    if i%2==0: # 偶数分组
        abranch=data.Branch(i)
# 提取指定路径的数据

a.AddRange(abranch,pathslst[i])
# 追加指定路径的列表
    else: # 奇数分组
        abranch=data.Branch(i)
# 提取指定路径的数据

b.AddRange(abranch,pathslst[i])
# 追加指定路径的列表
```

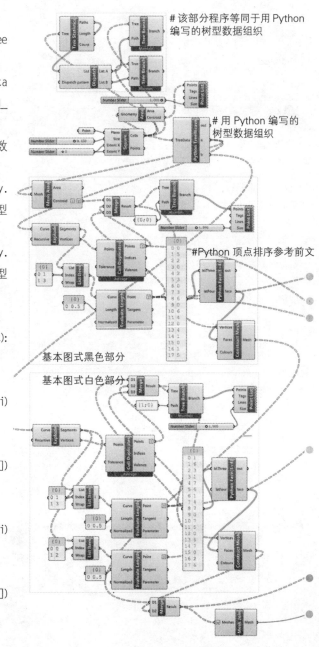

\# 该部分程序等同于用 Python 编写的树型数据组织

\# 用 Python 编写的树型数据组织

\#Python 顶点排序参考前文

基本图式黑色部分

基本图式白色部分

2 力对象与解算的几何对象

● 在施加 PowerLaw 引力时，需要同时施加向上或者向下的力，触发引力的作用，如果仅施加引力则不会发生变化，除非线段具有弹性，即休止长度不等于初始的线段长度。不同的施加力的方式会获得不同的折叠结果。

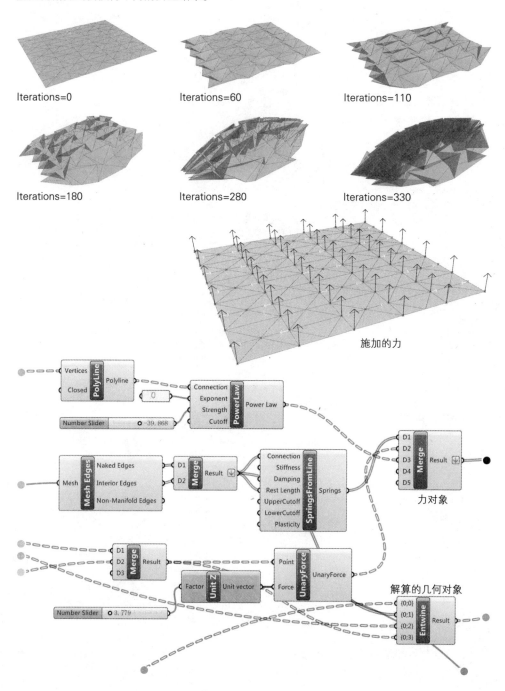

Iterations=0   Iterations=60   Iterations=110

Iterations=180   Iterations=280   Iterations=330

施加的力

力对象

解算的几何对象

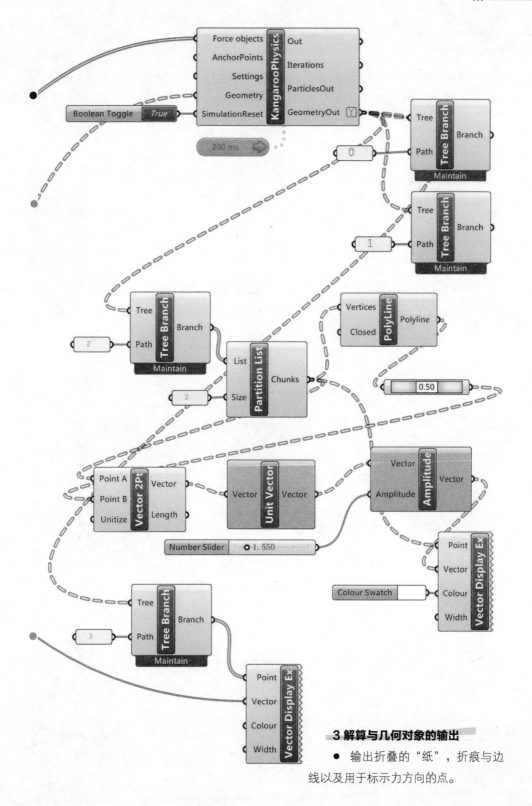

3 解算与几何对象的输出

● 输出折叠的 "纸" ，折痕与边线以及用于标示力方向的点。

3 拉伸和倾斜

一般会设计一个方形的基本图式 如果把这个方形变为不同方向的长方形则是"拉伸"；如果转变为平行四边形则是"倾斜"。

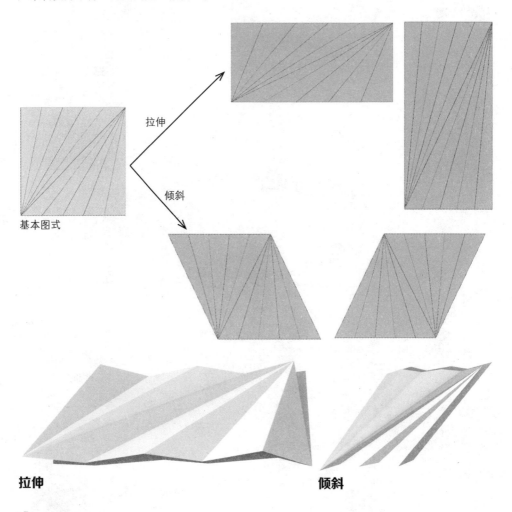

拉伸　　　　　　　　　　　　　　　**倾斜**

3.1 构建具有折痕的"纸"

● 首先编写基本图式，再根据设计的目的拉伸和倾斜。在构建格网时需要重新组织点，每三个点构建一个三边面，为了使程序更加简洁，使用 Python 语言编写点分组的程序。

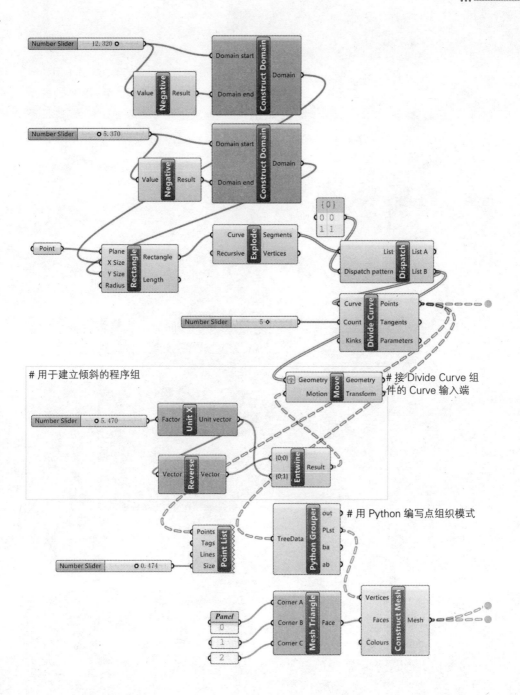

用于建立倾斜的程序组

接 Divide Curve 组件的 Curve 输入端

用 Python 编写点组织模式

用 Python 编写点组织模式

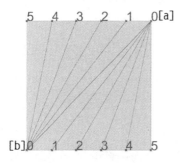

使用 Python 语言编写点组织的模式，基本图式中上边点为 a 列表，下边点为 b 列表，点组织的目的是要将 b[0]、a[0]、a[1] 放置于一个列表中，将 b[0]、a[1]、a[2] 放置于另一个列表中，依次类推，即每一个三角面的顶点被放置于一个单独的列表中。

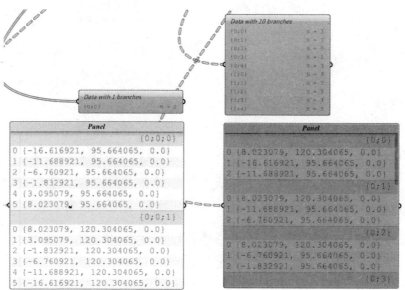

```
import Rhino
import rhinoscriptsyntax as rs
from Grasshopper import DataTree # 调入类 DataTree
from Grasshopper.Kernel.Data import GH_Path # 调入函数 GH_Path
data=TreeData
branches=data.Branches # 将所有路径分支下的项值放置于各自的子列表下后放置于父级列表下
a=branches[0] # 提取索引值为 0 的子列表
b=branches[1] # 提取索引值为 1 的子列表
ba=DataTree[Rhino.Geometry.GeometryBase]() # 建立空的字典
ab=DataTree[Rhino.Geometry.GeometryBase]() # 建立空的字典
def grouper(a,b,dt,pa): # 定义点组合模式的函数 grouper，形式参数 a 为第一组点列表，形式
参数 b 为第二组点列表，形式参数 dt 为空的字典，形式参数 pa 为路径模式的 A 项值
```

```
for i in range(len(a)-1): # 循环遍历第一组列表
    lst=[] # 每次循环后 lst 列表归为空列表
    lst.append(b[0]) # 在列表末尾追加第二组列表索引值为 0 的点
    lst.append(a[i]) # 在列表末尾追加第一组列表索引值为 i 的点
    lst.append(a[i+1]) # 在列表末尾追加第一组列表索引值为 i+1 的点
dt.AddRange(lst,GH_Path(pa,i)) # 在空字典中追加指定路径为 {pa;i} 的列表
    return dt # 返回字典
ba=grouper(a,b,ba,0) # 执行函数 grouper, 指定实际参数分别为 a,b,ba,0
ab=grouper(b,a,ab,1) # 执行函数 grouper, 指定实际参数分别为 b,a,ab,1
PLst=DataTree[Rhino.Geometry.GeometryBase]() # 建立空的字典
PLst.MergeTree(ab) # 合并字典 ab
PLst.MergeTree(ba) # 合并字典 ba
```

3.2 力对象与解算的几何对象

● 根据谷状和峰状折痕施加向上和向下的力,并设置线段的休止长度与初始长度一致。

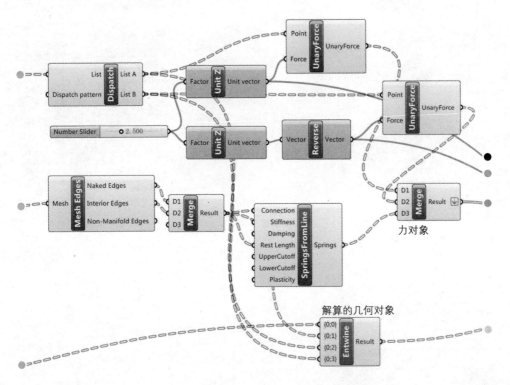

3.3 解算与几何对象的输出

● 输出折叠的"纸"，折痕与边线以及用于标示力方向的点。

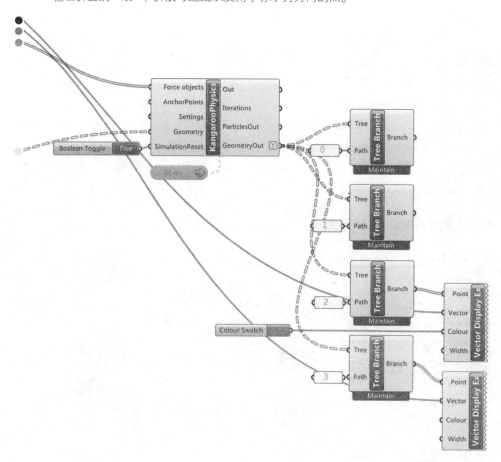

Basic Folds
基础褶皱

3

"褶皱是所有折叠技巧中最普遍的，最多才多艺的，并且是最容易使用的。褶皱类型包括——手风琴式、刀片式、立方体式、增量褶皱式，这些基础褶皱被用来创造多样而复杂的表面和构成形式，它们之间虽然存在明显的关联，却创造出各异折叠的形式结果。"

——《从平面到立体——设计师必备的折叠技巧》

褶皱是折叠主要的一种设计创造方式，依据这种方式可以创造出不计其数的折叠形式，而且这种形式结果优美而充满变化的韵律。

1 手风琴式

手风琴式顾名思义是峰形－谷形－峰形－谷形不断重复的一种折叠方式，虽然折叠的方式确定，但是不同的基本图式却可以创造出千变万化的形式。基于动力学编程的折叠过程的模拟，更是能够将更多的数学函数变化的韵律应用于构建具有折痕的"纸"程序中。

1.1 线型

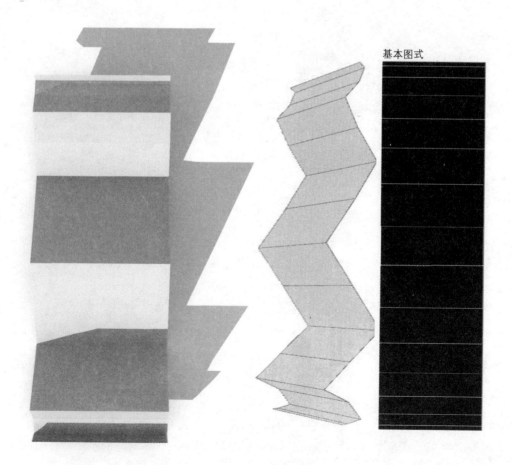

基本图式

1 构建具有折痕的"纸"

● 为了能够显示计算机模拟折叠过程的优势，可以根据图形函数来等分点，从而能够获取不同的折痕韵律。

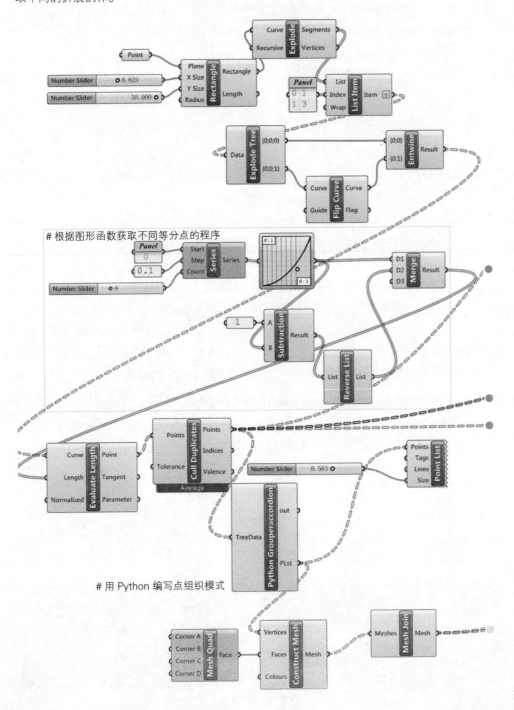

根据图形函数获取不同等分点的程序

用 Python 编写点组织模式

```
# 用 Python 编写点组织模式
import Rhino
import rhinoscriptsyntax as rs
from Grasshopper import DataTree # 调入类 DataTree
from Grasshopper.Kernel.Data import GH_Path # 调入函数 GH_Path
data=TreeData
branches=data.Branches # 将所有路径分支下的项值放置于各自的子列表下后放置于父级列表下
a=branches[0] # 提取索引值为 0 的子列表
b=branches[1] # 提取索引值为 1 的子列表
PT=DataTree[Rhino.Geometry.GeometryBase]() # 建立空的字典
def grouper(a,b,dt,pa): # 定义点组合模式的函数 grouper，形式参数 a 为第一组点列表，形式
参数 b 为第二组点列表，形式参数 dt 为空的字典，形式参数 pa 为路径模式的 A 项值
    for i in range(len(a)-1): # 循环遍历第一组列表
        lst=[] # 每次循环后 lst 列表归为空列表
        lst.append(b[i]) # 在列表末尾追加第二组列表索引值为 i 的点
        lst.append(a[i]) # 在列表末尾追加第一组列表索引值为 i 的点
        lst.append(b[i+1]) # 在列表末尾追加第二组列表索引值为 i+1 的点
        lst.append(a[i+1]) # 在列表末尾追加第一组列表索引值为 i+1 的点
        dt.AddRange(lst,GH_Path(pa,i)) # 在空字典中追加指定路径为 {pa;i} 的列表
    return dt # 返回字典
PLst=grouper(a,b,PT,0) # 执行函数 grouper, 指定实际参数分别为 a,b,PT,0
```

2 力对象与解算的几何对象 +3 解算与几何对象的输出

● 增加了 Kangaroo 主引擎组件的输入端 AnchorPoints 的锚点，将解算几何对象的一端固定，并约束间隔部分点，使其运动保持在一条直线上，类似于折叠的推拉门。

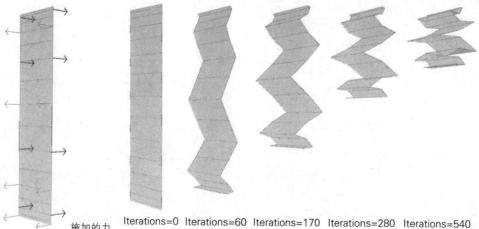

施加的力　Iterations=0　Iterations=60　Iterations=170　Iterations=280　Iterations=540

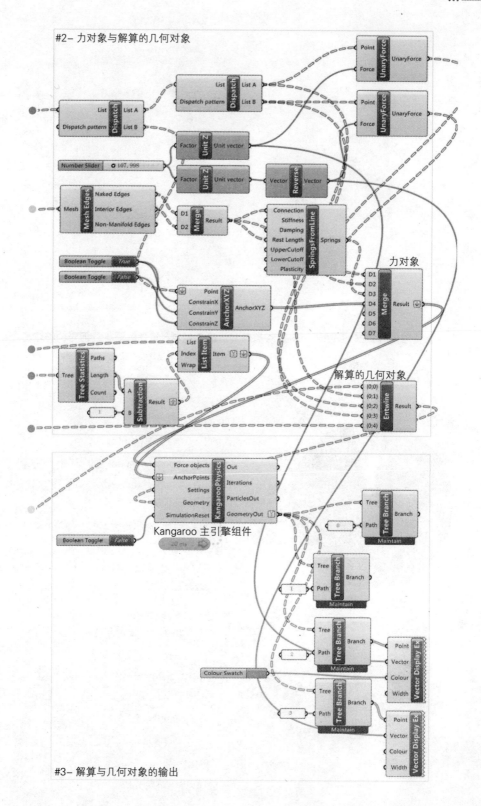

#2– 力对象与解算的几何对象

力对象

解算的几何对象

Kangaroo 主引擎组件

#3– 解算与几何对象的输出

1.2 旋转

1 构建具有折痕的"纸" +2 力对象与解算的几何对象 +3 解算与几何对象的输出

● 手风琴褶皱旋转峰状折叠与谷状折叠互相交错。在点组织模式上仍然使用 Python 编写，可以在之前案例 Python 编写的基础上，稍作调整，完成本案例点组织模式程序的编写。

基本图式

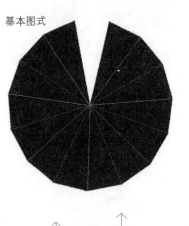

施加的力

```python
# 用 Python 编写点组织模式
import Rhino
import rhinoscriptsyntax as rs
from Grasshopper import DataTree
from Grasshopper.Kernel.Data import GH_Path
data=TreeData
branches=data.Branches
a=branches[0]
b=branches[1]
PT=DataTree[Rhino.Geometry.GeometryBase]()
def grouper(a,b,dt,pa):
    for i in range(len(a)-1):
        lst=[]
        lst.append(b[0])
        lst.append(a[i])
        lst.append(a[i+1])
        dt.AddRange(lst,GH_Path(pa,i))
    return dt
PLst=grouper(a,b,PT,0)
```

#1– 构建具有折痕的纸

用 Python 编写点组织模式

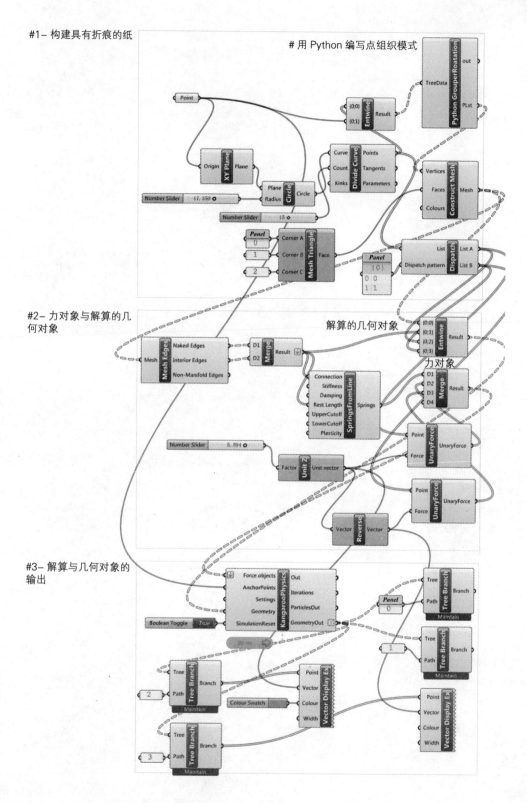

#2– 力对象与解算的几何对象

解算的几何对象

力对象

#3– 解算与几何对象的输出

1.3 圆柱体

实际纸折叠的过程中是平面弯曲为圆柱体，在计算机模拟时，为了简化纸张弯曲的过程，直接从圆柱体表面开始，将其划分为一定数量的折痕，并对控制折痕的端点施加向内和向外的力对象。

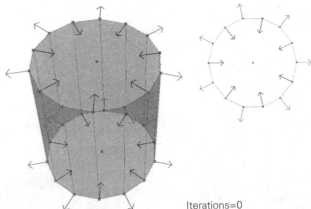

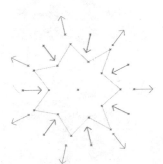

Iterations=0

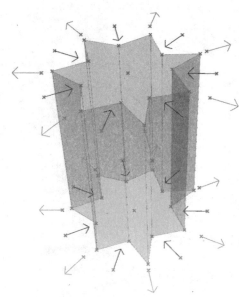

Iterations=890

```python
# 用 Python 编写点组织模式
import Rhino
import rhinoscriptsyntax as rs
from Grasshopper import DataTree
from Grasshopper.Kernel.Data import GH_Path
data=TreeData
branches=data.Branches
a=branches[0]
b=branches[1]
PT=DataTree[Rhino.Geometry.GeometryBase]()
def grouper(a,b,dt,pa):
    for i in range(len(a)-1):
        lst=[]
        lst.append(b[i])
        lst.append(a[i])
        lst.append(b[i+1])
        lst.append(a[i+1])
        dt.AddRange(lst,GH_Path(pa,i))
    se=[b[0],a[0],b[len(b)-1],a[len(a)-1]]
    dt.AddRange(se,GH_Path(pa,len(a)-1))
    return dt
PLst=grouper(a,b,PT,0)
```

#1– 构建具有折痕的 "纸"

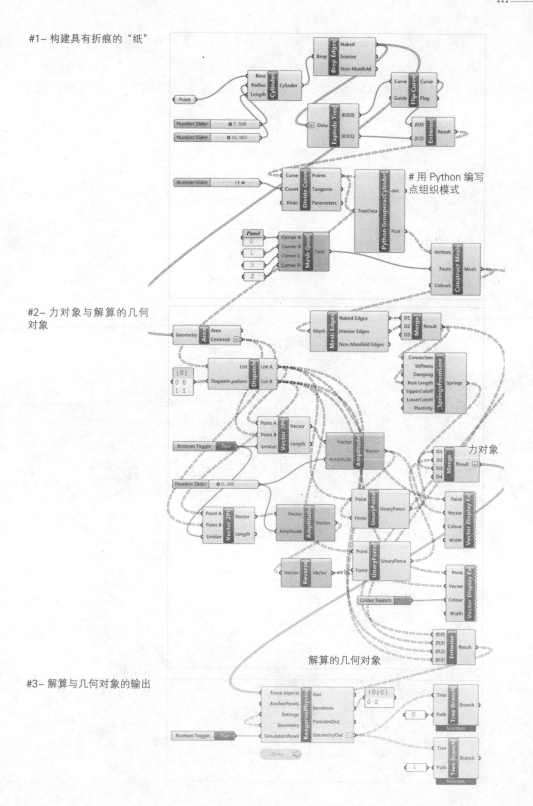

用 Python 编写
点组织模式

#2– 力对象与解算的几何
对象

力对象

解算的几何对象

#3– 解算与几何对象的输出

1.4 圆锥体

　　圆锥体的方式与圆柱体的方式基本类似，直接建立圆锥体或者圆台体再进行等分，间隔施加向内和向外的力对象。本例中使用 Python 编写点组织模式与圆柱体程序一样，不再赘述。

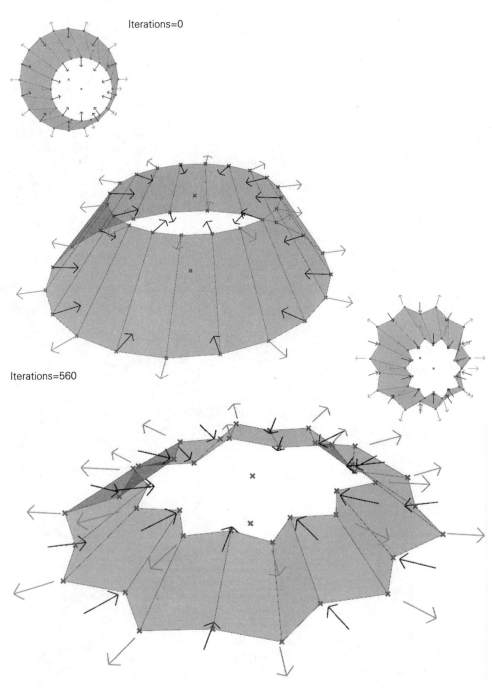

Iterations=0

Iterations=560

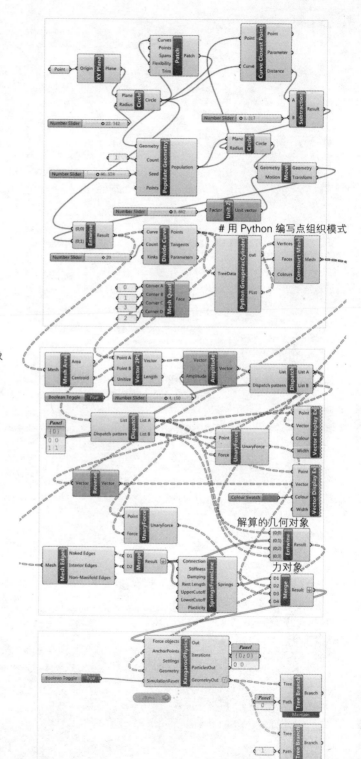

#1- 构建具有折痕的"纸"

用 Python 编写点组织模式

#2- 力对象与解算的几何对象

解算的几何对象

力对象

#3- 解算与几何对象的输出

2 刀片褶皱

刀片褶皱是类似手风琴式峰形－谷形－峰形－谷形不断重复的一种折叠方式，但是峰状折痕和谷状折痕之间的间距不等，在力的作用下彰显出向左或者向右的偏移。

2.1 线型

```
# 用 Python 编写数据列表
initialv=float(InitialV) # 将输入字符串转换为浮点数
distancea=float(DistanceA) # 将输入字符串转换为浮点数
distanceb=float(DistanceB) # 将输入字符串转换为浮点数
count=int(Count) # 将输入字符串转换为整数
Lst=[] # 建立空的列表
Lst.append(initialv) # 列表追加初始数据
for i in range(int(Count)): # 根据输入的 Count 值确定循环次数
    initialv+=distancea # 每次循环递加距离值 a
    Lst.append(initialv) # 追加每次新初始值到列表
    initialv+=distanceb # 每次循环递加距离值 b
    Lst.append(initialv) # 追加每次新初始值到列表
LstA=[] # 建立空的列表，用于放置重新按比例映射在 0~1 的数值
for i in Lst: # 循环遍历 Lst 列表
    a=i/Lst[-1] # 按比例缩放数值
    LstA.append(a) # 将每个按比例缩放的数值追加到列表中
```

Iterations=320

```
# 用 Python 编写点组织模式 ( 参看手风琴式线型中的程序编写说明 )
import Rhino
import rhinoscriptsyntax as rs
from Grasshopper import DataTree
from Grasshopper.Kernel.Data import GH_Path
data=TreeData
branches=data.Branches
a=branches[0]
b=branches[1]
PT=DataTree[Rhino.Geometry.GeometryBase]()
def grouper(a,b,dt,pa):
    for i in range(len(a)-1):
        lst=[]
        lst.append(b[i])
        lst.append(a[i])
        lst.append(b[i+1])
        lst.append(a[i+1])
        dt.AddRange(lst,GH_Path(pa,i))
    return dt
PLst=grouper(a,b,PT,0)
```

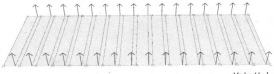

施加的力

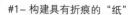

#1– 构建具有折痕的"纸"

用 Python 编写
数据列表

用 Python 编写点组织模式

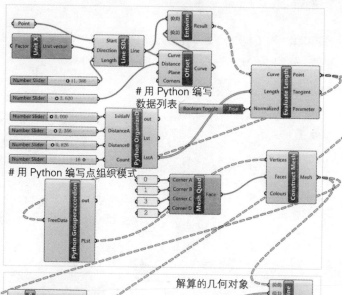

**#2– 力对象与解算的几何
对象**

解算的几何对象

力对象

#3– 解算与几何对象的输出

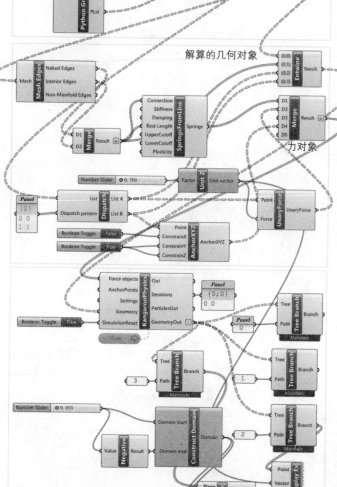

2.2 旋转

　　旋转跟线型的刀片褶皱基本程序一致，只是旋转是闭合的图式。在力的施加上略微做了些调整，增加了 PowerLaw 引力，为了能够使折叠对象隆起，在向下力的施加上，只施加力于外边缘部分。

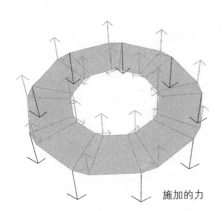

施加的力

＃用 Python 编写数据列表，参看刀片褶皱线型
＃用 Python 编写点组织模式，参看手风琴式线型中的程序编写说明

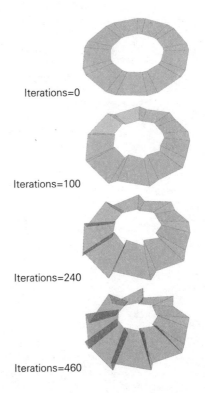

Iterations=0

Iterations=100

Iterations=240

Iterations=460

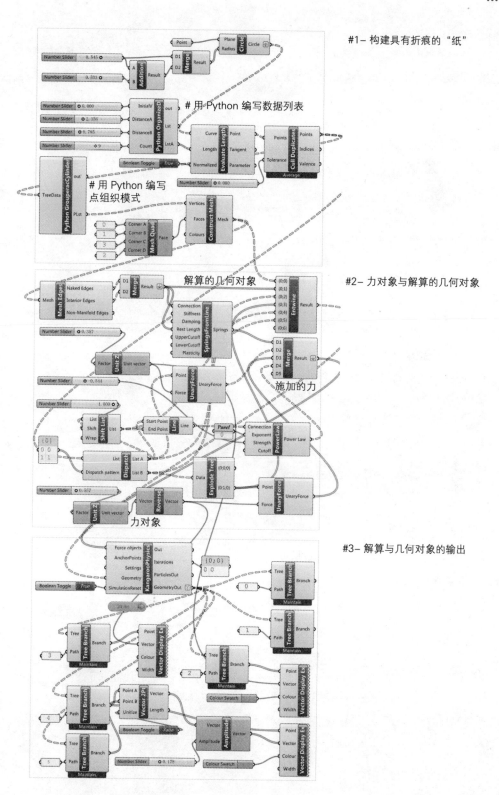

#1– 构建具有折痕的 "纸"

用 Python 编写数据列表

用 Python 编写
点组织模式

#2– 力对象与解算的几何对象

解算的几何对象

施加的力

力对象

#3– 解算与几何对象的输出

2.3 反射

反射与线型最大的区别是施加力方向的不同，反射中施加力的方向是不断地反复镜像即相对或者相向。因此如果不考虑施加的力，反射具有折痕的"纸"即格网的构建与线型方式相一致。

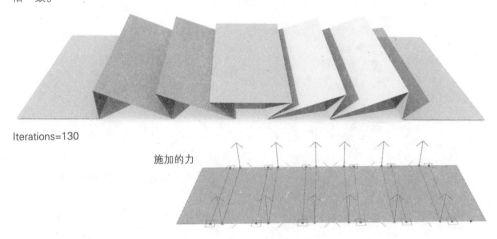

Iterations=130

施加的力

1 构建具有折痕的"纸"

● "纸"的构建方式与线型的方式一致，需要构建折痕间隔变化的格网，在施加力后能够发生丰富的变化。

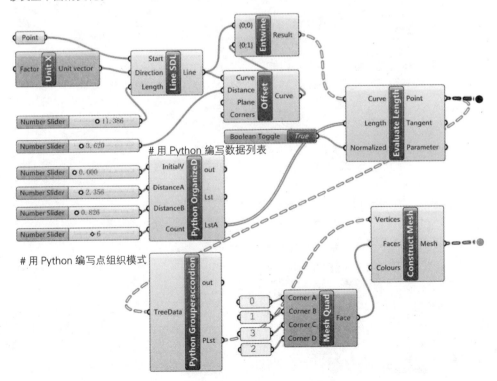

部分 Python 编写的程序在之前的案例已经阐述过，但是对于不同的编写目的，也会作出调整。例如用 Python 编写数据列表，增加了 Lst.append(count*(distancea+distanceb)+distancea) 一行语句，从而能够形成完全对称的折痕。为了方便对不同位置的点施加不同的力，在 2-力对象和解算的几何对象使用 Python 编写索引值模式，例如提取施加向上一元力的点索引值，沿 X 轴正方向和逆方向分别施加力的点索引值和约束位置点的索引值。

```python
# 用 Python 编写数据列表
initialv=float(InitialV)
distancea=float(DistanceA)
distanceb=float(DistanceB)
count=int(Count)
Lst=[]
Lst.append(initialv)
for i in range(count):
    initialv+=distancea
    Lst.append(initialv)
    initialv+=distanceb
    Lst.append(initialv)
Lst.append(count*(distancea+distanceb)+distancea)
LstA=[]
for i in Lst:
    a=i/Lst[-1]
    LstA.append(a)
```

```python
# 用 Python 编写点组织模式
import Rhino
import rhinoscriptsyntax as rs
from Grasshopper import DataTree
from Grasshopper.Kernel.Data import GH_Path
data=TreeData
branches=data.Branches
a=branches[0]
b=branches[1]
PT=DataTree[Rhino.Geometry.GeometryBase]()
def grouper(a,b,dt,pa):
    for i in range(len(a)-1):
        lst=[]
        lst.append(b[i])
        lst.append(a[i])
        lst.append(b[i+1])
        lst.append(a[i+1])
        dt.AddRange(lst,GH_Path(pa,i))
    return dt
PLst=grouper(a,b,PT,0)
```

施加的力与对应的点位置索引值

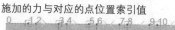
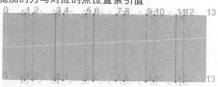

```python
# 用 Python 编写索引值模式
import math
lm=int(LstCount)
lc=list(range(lm))
# 输入值一般为偶数，将其减 1 为奇数，
确定两个方向的中间值
m=math.floor((lm-1)/2)
n=math.ceil((lm-1)/2)
# 使用列表推导式提取不同位置的索引值
a=[a for a in lc if a<=m and a%2==0
and a!=0]
b=[b for b in lc if b>=n and b%2!=0 and
b!=lm-1]
c=[c for c in lc if c<=m and c%2!=0]
d=[d for d in lc if d>=n and d%2==0]
```

2 力对象与解算的几何对象

● 为了能够使得"纸"折叠的过程位于一个平面上，需要约束部分点的移动方向，并沿 x 轴正向和逆向各施加两个方向的力，同时增加向上的力，从而牵引 x 轴相反的两个力，开始折叠的过程。因为存在四个力对象，而施加的点位置比较特殊，沿中间对称开始或为奇数的索引值，或者为偶数的索引值，因此使用 Python 编写索引值模式，更加方便地获取不同位置点的索引值，可以参看前文的程序代码编写。

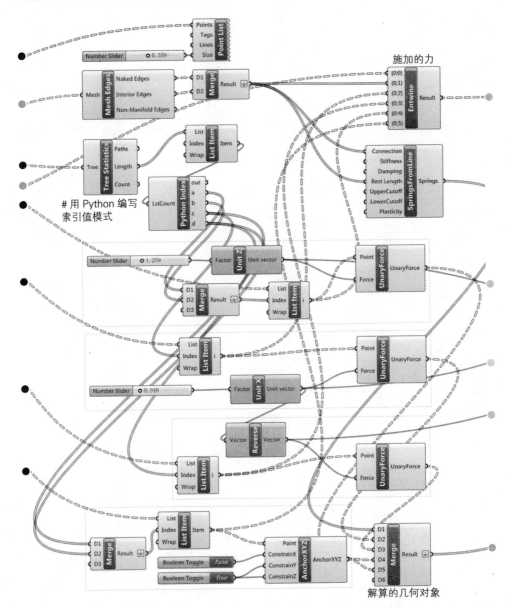

用 Python 编写索引值模式

施加的力

解算的几何对象

3 解算与几何对象的输出

● 输出折叠的"纸",折痕与边线以及用于标示力方向的点。

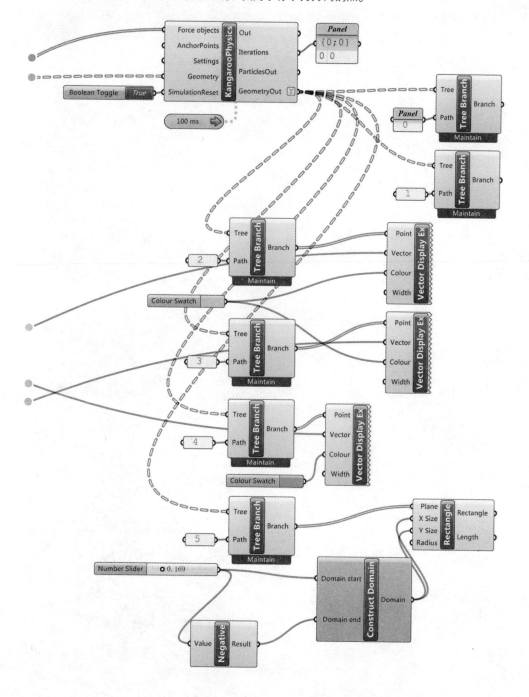

2.4 圆柱体

　　圆柱体的刀片褶皱在模拟过程中直接建立圆柱形的具有折痕的"纸"，在施加力上给出向内和向外间隔的一元力和旋转方向的力。因为受到旋转力的作用，折叠的过程不断变化，由平直到褶皱再到平直，并且在旋转力的作用下一直持续旋转下去。

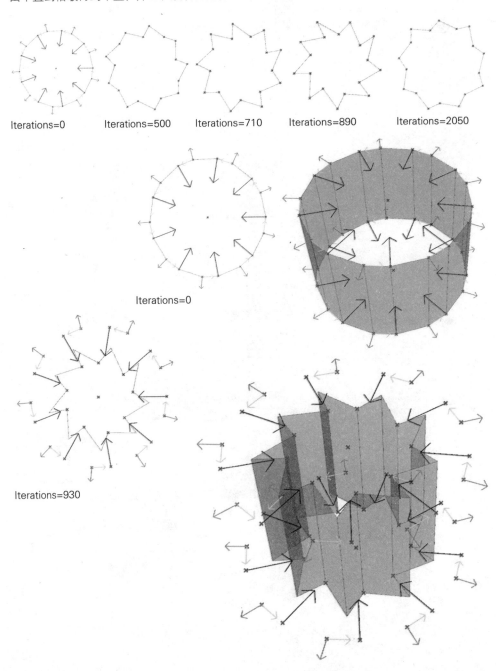

Iterations=0　　　Iterations=500　　　Iterations=710　　　Iterations=890　　　Iterations=2050

Iterations=0

Iterations=930

#1– 构建具有折痕的 "纸"

用 Python 编写数据列表，参看刀片褶皱线型
用 Python 编写点组织模式，参看手风琴式线型中的程序编写说明

#2– 力对象与解算的几何对象

#3– 解算与几何对象的输出

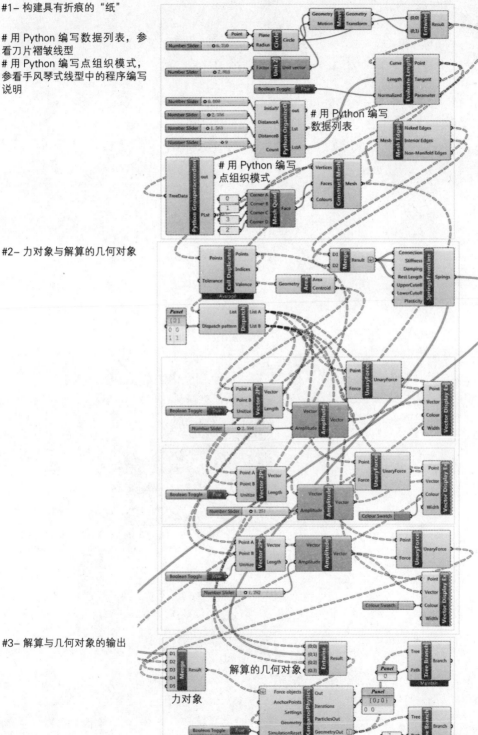

2.5　圆锥体

　　圆锥体与圆柱体类似，只要略微调整一下程序即可达到折叠的目的，下图中红色的区域为替换的程序。余下的所有程序与圆柱体的刀片折叠完全一致。

Iterations=380

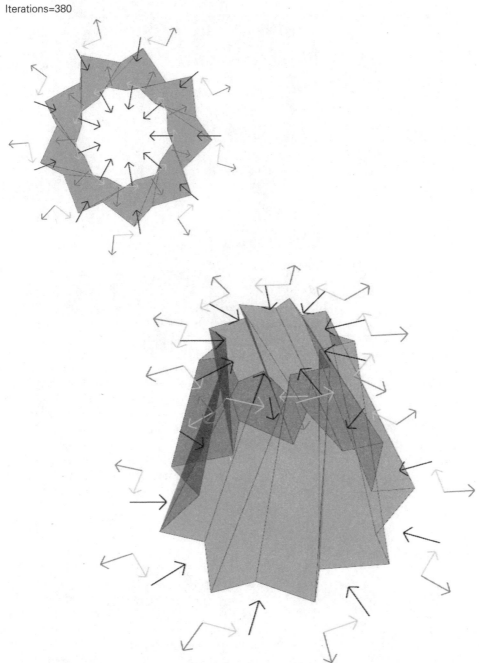

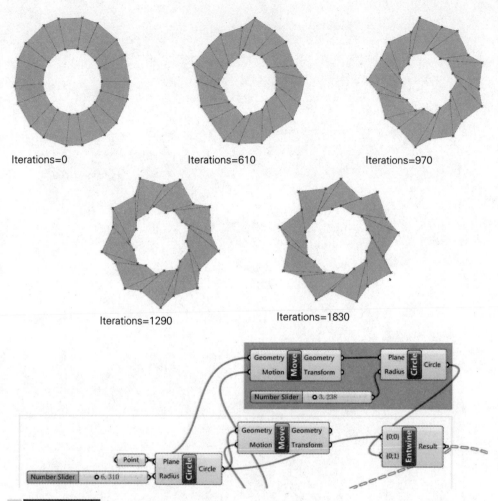

Iterations=0   Iterations=610   Iterations=970

Iterations=1290   Iterations=1830

3 盒形褶皱

盒形褶皱可以理解为每四条折痕一组,这四条折痕中间两条为峰折痕,两侧两条为谷折痕,在施加力的作用下,逐渐挤压出盒体的形态。

3.1 线型

线型的盒形褶皱在不考虑施加力的作用下,具有折痕的"纸"即格网与前文阐述的线型褶皱类似。在施加力上,峰状折痕施加向上的力,谷状折痕施加沿 x 轴相向的力,并约束谷状折痕仅沿 x 轴运动。

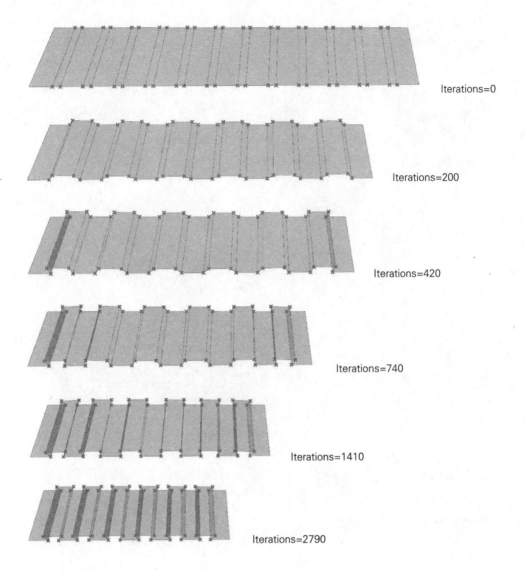

Iterations=0

Iterations=200

Iterations=420

Iterations=740

Iterations=1410

Iterations=2790

1 构建具有折痕的"纸"+2 力对象与解算的几何对象

● 在提取点时经常需要移除首尾点的数据，为了方便操作使用 Python 编写移除列表首尾
数据的程序，在以后类似的程序编写时可以直接调用。

施加的力

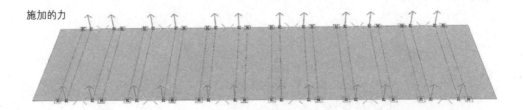

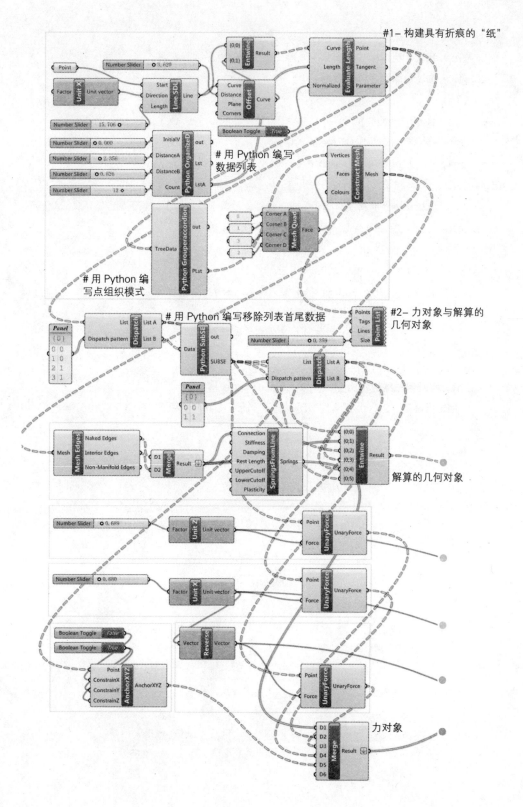

#1– 构建具有折痕的"纸"

用 Python 编写
数据列表

用 Python 编
写点组织模式

用 Python 编写移除列表首尾数据

#2– 力对象与解算的
几何对象

解算的几何对象

力对象

用 Python 编写数据列表，参看刀片褶皱反射部分程序说明

用 Python 编写点组织模式，参看手风琴式线型中的程序编写说明

用 Python 编写移除列表首尾数据

```
import Rhino
import rhinoscriptsyntax as rs
from Grasshopper import DataTree
from Grasshopper.Kernel.Data import GH_Path
data=Data
branches=data.Branches #将所有路径分支下的项值放置于各自的子列表下后放置于父级列表下
tr=DataTree[Rhino.Geometry.GeometryBase]() #建立空的字典
lst=[]
for i in (range(data.BranchCount)):
    lst=[a for a in branches[i] if a!=branches[i][0] and a!=branches[i][len(
branches[i])-1]] #使用列表推导式移除首尾点
    tr.AddRange(lst,GH_Path(i)) #字典中追加指定路径名的列表
SUBSE=tr
```

3 解算与几何对象的输出

● 输出折叠的"纸"，折痕与边线以及用于标示力方向的点。

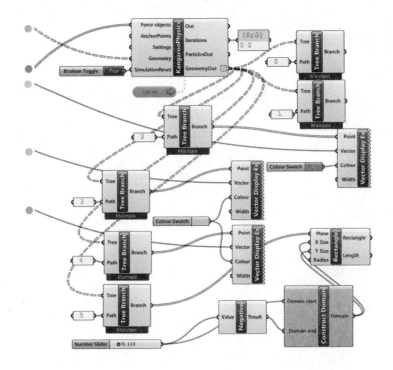

3.2　旋转

旋转的盒形褶皱都具有盒形褶皱的特点，在力的施加上与线型的盒形褶皱也极其相似。

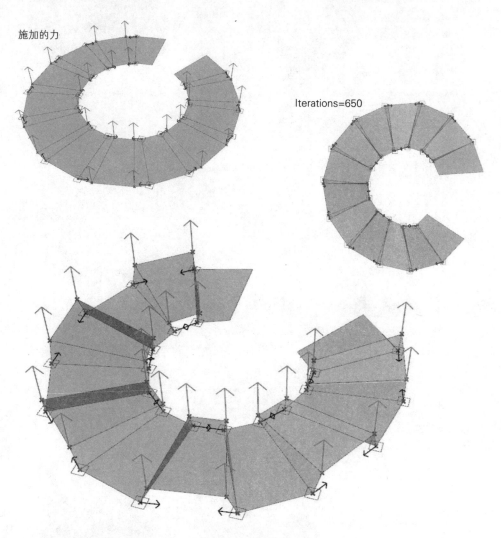

施加的力

Iterations=650

1 构建具有折痕的"纸"+2 力对象与解算的几何对象

● 为了尽量保持折叠对象在一个平面上运动，约束施加了引力点位置对象在 XY 平面上运动，而不能够在 Z 方向上运动。三个 Python 编写的辅助程序与线型的盒形褶皱程序一致。

用 Python 编写数据列表，参看刀片褶皱反射部分程序说明

用 Python 编写点组织模式，参看手风琴式线型中的程序编写说明

用 Python 编写移除列表首尾数据 ，参看盒形褶皱线型

#1– 构建具有折痕的"纸"

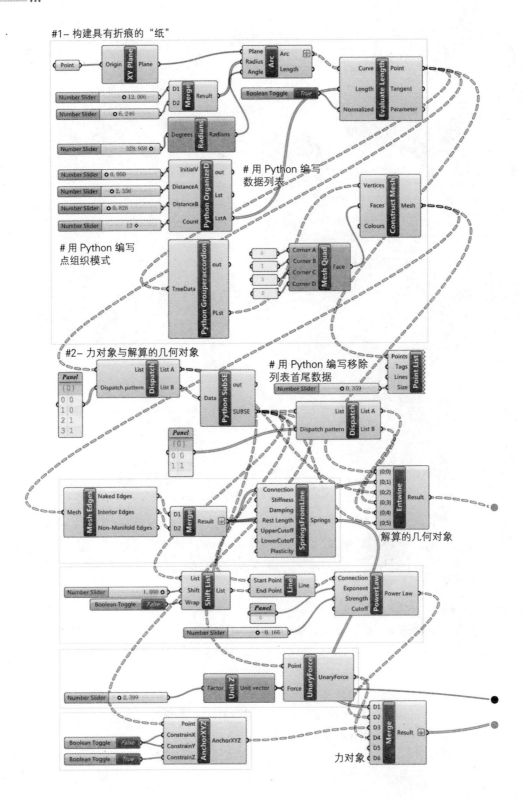

用 Python 编写
数据列表

用 Python 编写
点组织模式

#2– 力对象与解算的几何对象

用 Python 编写移除
列表首尾数据

解算的几何对象

力对象

3 解算与几何对象的输出

● 输出折叠的"纸",折痕与边线以及用于标示力方向的点。

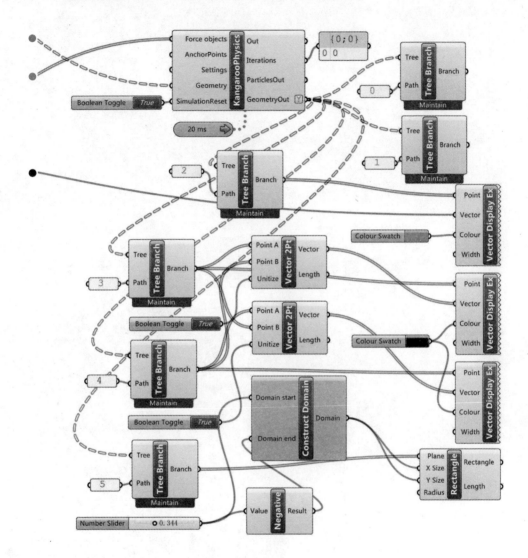

3.3 圆柱体

圆柱体的盒形褶皱与圆柱体刀片褶皱类似，只是施加的力有所变化。

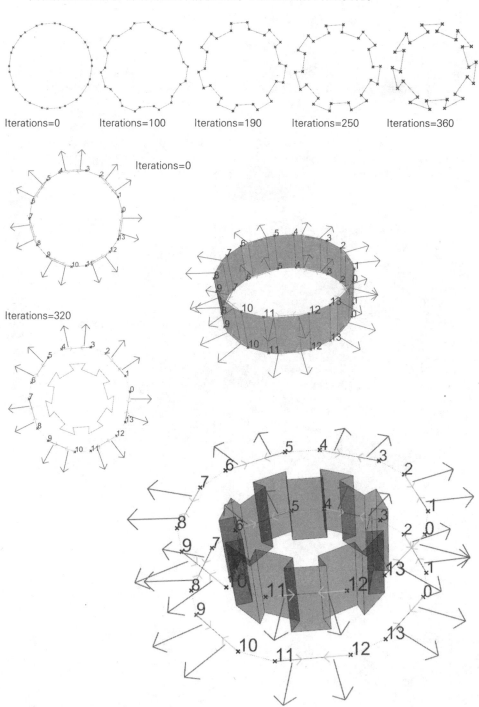

| Iterations=0 | Iterations=100 | Iterations=190 | Iterations=250 | Iterations=360 |

#1– 构建具有折痕的 "纸"

用 Python 编写数据列表，
参看刀片褶皱线型
用 Python 编写点组织模式，
参看手风琴式线型中的程序编写说明

#2– 力对象与解算的几何对象

#3– 解算与几何对象的输出

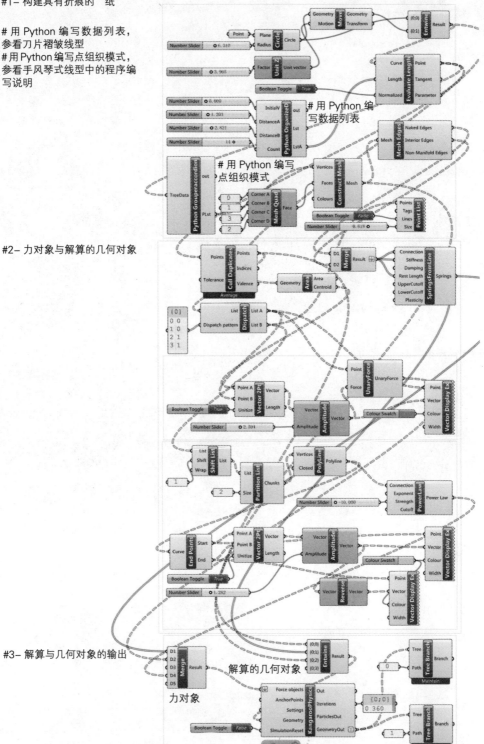

用 Python 编写数据列表

用 Python 编写点组织模式

解算的几何对象

力对象

3.4 圆锥体

圆锥体盒形褶皱与圆柱体盒形褶皱类似，只需要替换下图程序中红色区域的程序即可。

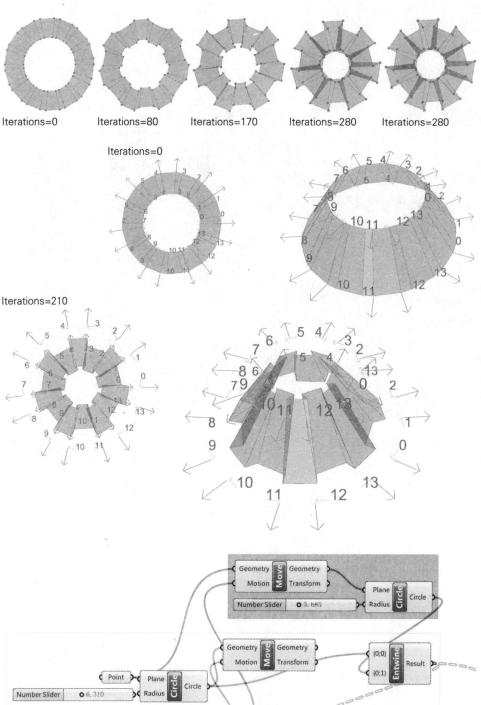

Iterations=0　　　Iterations=80　　　Iterations=170　　　Iterations=280　　　Iterations=280

Iterations=0

Iterations=210

4 增量褶皱

　　设计的创造总是不安于规矩，因此每一个设计总是希望创造出一些"意外"的变化，如果增加折痕的间距变化，在施加力的作用下形式会有一种韵律变化的美。该部分程序与刀片褶皱线型是基本一致的，但是调整了用 Python 编写的数据列表程序，实现折痕的增量变化。同时调整了部分施加的力，使其变化更加合理。

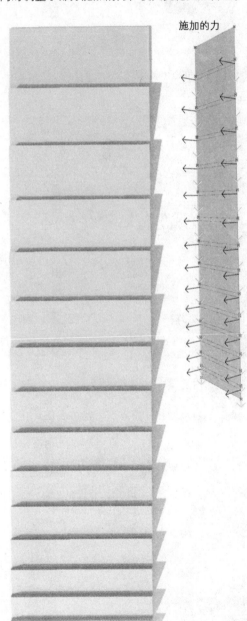

施加的力

```
# 用 Python 编写点组织模式，参看手风琴
式线型中的程序编写说明
# 用 Python 编写移除列表首尾数据，参看
盒形褶皱线型
# 用 Python 编写增量数据列表
initialv=float(InitialV)
distancea=float(DistanceA)
distanceb=float(DistanceB)
multi=float(Multiple) # 增加了倍数输入项
count=int(Count)
Lst=[]
Lst.append(initialv)
for i in range(int(Count)):
    initialv+=distancea+multi*i # 对距
离 a 的变化增加增量 mult*i，即随索引值
i 的增加不断变化数值
    Lst.append(initialv)
    initialv+=distanceb
    Lst.append(initialv)
Lst=Lst[:-3]
LstA=[]
for i in Lst:
    a=i/Lst[-1]
    LstA.append(a)
```

#1– 构建具有折痕的"纸"

用 Python 编写
增量数据列表

用 Python 编写
点组织模式

#2– 力对象与解算的几何对象

解算的几
何对象

用 Python 编写移除
列表首尾数据

力对象

#3– 解算与几何对象的输出

4

Other Folds
其他褶皱

"任何一套基础的褶皱都可以派生出大量的变化，包括螺旋褶皱、聚集褶皱、扭曲褶皱等。这些折叠的形式多才多艺，在深入地探索中可以找到其他的变化，甚至更多。"

——《从平面到立体——设计师必备的折叠技巧》

褶皱的折叠变化越来越有意思，反映在构建具有折痕的"纸"和施加的力对象上也会发生改变。任何变化都是为了让折叠的过程更富有创造性。

1 螺旋褶皱

螺旋折叠最大的特点是等间距的峰形折痕和在每两个峰形折痕之间倾斜的谷形折痕。

1.1 简单的螺旋

将一张平直的纸扭转，可以弯曲成螺旋的形态，同时可以划分折痕，在扭转的过程中峰状折痕与谷状折痕同时作用，形成更为丰富的变化。但是在计算机模拟过程中，这些力变得有些复杂，如果作为方案形态的推演可以参考螺旋扭转的过程，而有时则可以直接对具有折痕螺旋的"纸"，施加峰折叠和谷折叠的力对象即可，后者的过程要简单，也有利于形态的控制。

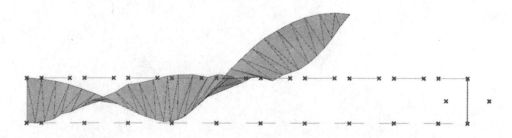

1 构建具有折痕的 "纸"

● 为了能够更好地提取不同位置的点，采用构建两条平行的直线再等分获取等分点，使用 Python 编写的点组织模式和顶点排序直接构建 Mesh 格网。

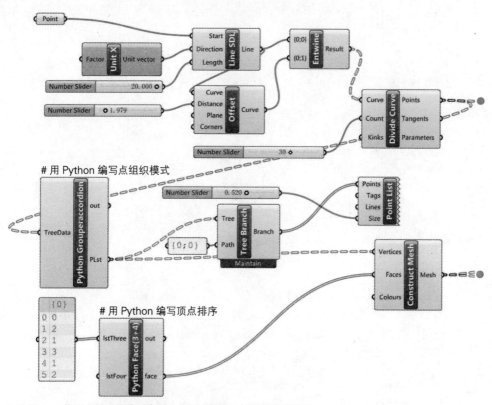

\# 用 Python 编写点组织模式，参看手风琴式线型中的程序编写说明
\# 用 Python 编写顶点排序，参看对称重复旋转中的程序编写说明

2 力对象与解算的几何对象

● 在折叠的过程中借助 Vortex 涡旋力施加于右侧的一个端点获得旋转的运动，并沿 X 轴向施加向右的一元力于右侧的端点，同时固定左端的端点，从而右侧端点在螺旋运动过程中能够保持向外的拉力不至于向左运动；同时需要根据谷状和峰状折痕折叠，借助 PowerLaw 引力施加吸引力实现峰形折叠。

施加的力

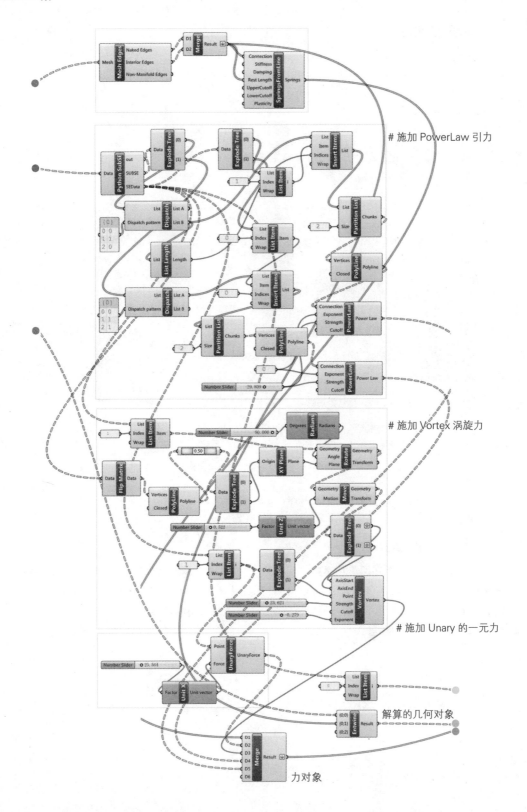

施加 PowerLaw 引力

施加 Vortex 涡旋力

施加 Unary 的一元力

解算的几何对象

力对象

3 解算与几何对象的输出

● 输出折叠的"纸",折痕与边线以及用于标示力方向的点。

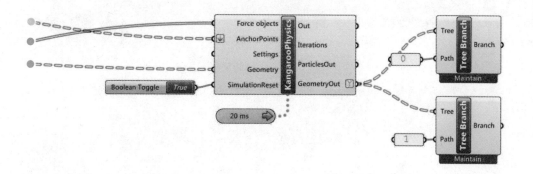

1.2 盒形螺旋

将一个具有折痕的盒体螺旋扭转成相互交错的形式,如果直接施加图式沿边线的力,"纸"很难发生折叠,也可以使用实际的纸张进行模拟来体会折叠过程中施加力的方式,为了能够将模拟的"纸"发生扭转,可以在扭转的过程中调整"纸"的休止长度,当施加的力使得对象发生扭转后再恢复休止长度与原始长度一致,即在扭转的过程中使"纸"具有一定的弹性。

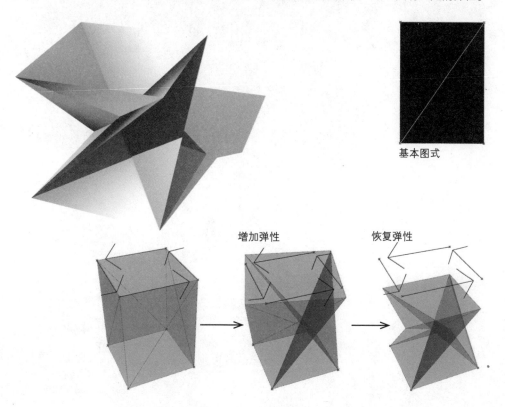

基本图式

增加弹性　　　　　恢复弹性

#1– 构建具有折痕的 "纸"

用 Python 编写顶点排序，
参看对称重复旋转中的程
序编写说明

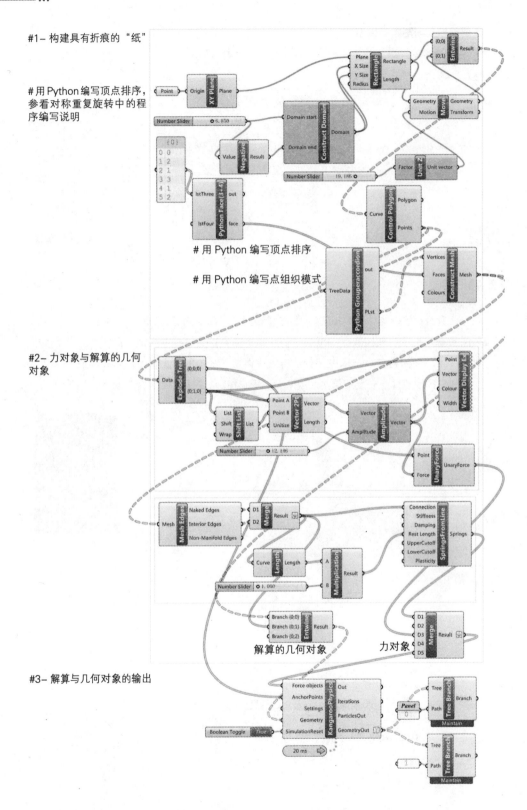

用 Python 编写顶点排序

用 Python 编写点组织模式

#2– 力对象与解算的几何
对象

解算的几何对象   力对象

#3– 解算与几何对象的输出

盒形螺旋为圆柱体时，可以对上下施加反向的力对象，根据折痕发生扭转，扭转的过程对象形态可能多变，当达到力平衡时静止。

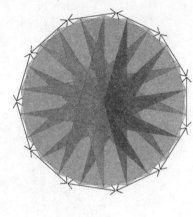

用 Python 编写点组织模式 (A)，参看手风琴式线型中的程序编写说明，并调整最后一组点的排序，使各个三边面的方向完全一致。

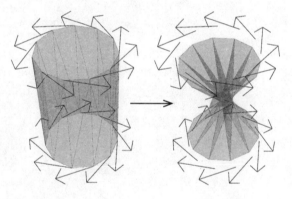

```
import Rhino
import rhinoscriptsyntax as rs
from Grasshopper import DataTree
from Grasshopper.Kernel.Data
import GH_Path
data=TreeData
branches=data.Branches
a=branches[0]
b=branches[1]
PT=DataTree[Rhino.Geometry.GeometryBase]()
def grouper(a,b,dt,pa):
    for i in range(len(a)-1):
        lst=[]
        lst.append(b[i])
        lst.append(a[i])
        lst.append(b[i+1])
        lst.append(a[i+1])
        dt.AddRange(lst,GH_Path(pa,i))
    se=[b[len(b)-1],a[len(a)-1],b[0],a[0]]   # 调整最后一组点的排序
    dt.AddRange(se,GH_Path(pa,len(a)-1))
    return dt
PLst=grouper(a,b,PT,0)
```

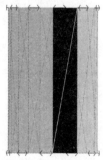

基本图式

#1– 构建具有
折痕的 "纸"

用 Python
编写顶点排
序，参看对称
重复旋转中的
程序编写说明

用 Python 编
写顶点排序

用 Python 编写点组织模式（A）

#2– 力对象与解
算的几何对象

#3– 解算与几
何对象的输出

解算的几何对象

力对象

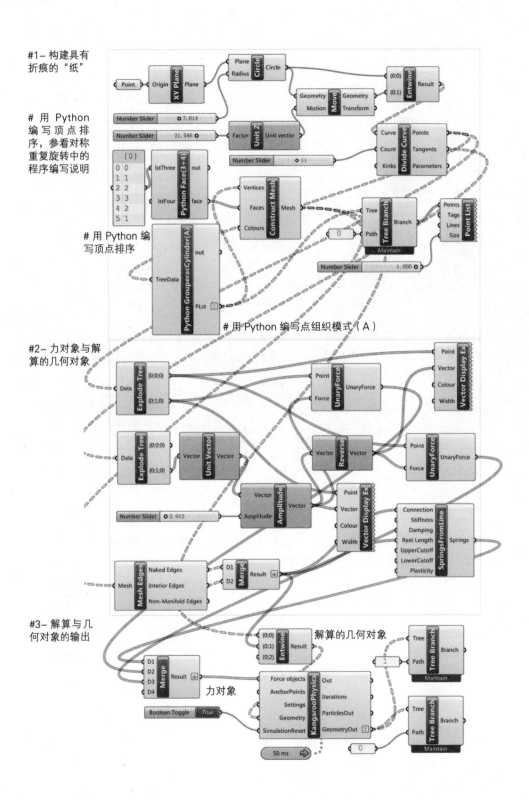

　　两个或者多个方形盒体堆叠，每隔一个固定一组点，并逐次施加方向相反旋转的力。在折叠的过程中需要调整折痕的休止长度使之具有一定的弹性，获得扭转之后再恢复到原始的长度。在这个过程中会存在多种形态，每一个时刻都可以作为形式推演的结果，不仅仅是为了获得图式的形式。

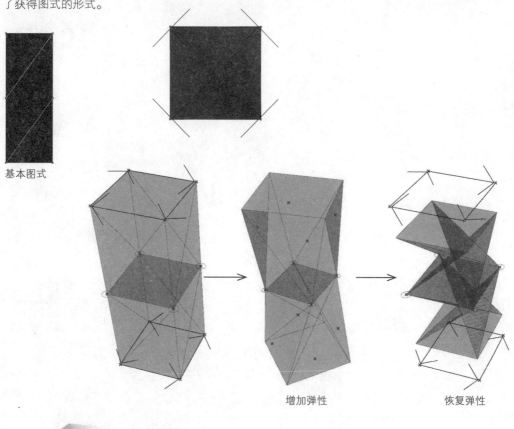

基本图式

增加弹性　　　　　恢复弹性

1 构建具有折痕的"纸"

● 根据编写的目的，为了构建多层具有折痕的"纸"，调整了用 Python 编写点组织模式。

\# 用 Python 编写顶点排序，参看对称重复旋转中的程序编写说明

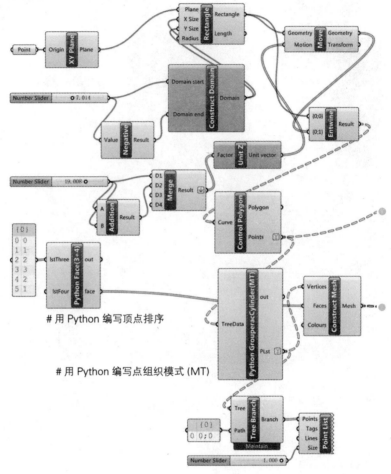

\# 用 Python 编写顶点排序

\# 用 Python 编写点组织模式 (MT)

\# 用 Python 编写点组织模式（MT）
import Rhino \# 调入模块 Rhino
import rhinoscriptsyntax as rs \# 调入模块 rhinoscriptsyntax 并定义别名为 rs
from Grasshopper import DataTree \# 调入类 DataTree
from Grasshopper.Kernel.Data import GH_Path \# 调入函数 GH_Path
data=TreeData \# 将输入端数据赋值给新的变量 data
branches=data.Branches \# 将所有路径分支下的项值放置于各自的子列表中后放置于父级列表中
PT=DataTree[Rhino.Geometry.GeometryBase]() \# 定义空的字典
def grouper(branches,dt): \# 定义点组织模式的函数 grouper
　　for m in range(len(branches)-1): \# 根据路径分支的数量循环
　　　　a=branches[m] \# 提取索引值为 m 的子列表

```
        b=branches[m+1] # 提取索引值为 m+1 的子列表
        for i in range(len(a)-1): # 循环遍历子列表
            lst=[] # 建立空的字典，用于放置每次循环提取的数据
            lst.append(b[i]) # 列表追加 b 列表索引值为 i 的项值
            lst.append(a[i]) # 列表追加 a 列表索引值为 i 的项值
            lst.append(b[i+1]) # 列表追加 b 列表索引值为 i+1 的项值
            lst.append(a[i+1]) # 列表追加 a 列表索引值为 i+1 的项值
            dt.AddRange(lst,GH_Path(m,i)) # 向字典中追加路径为 {m；i} 的 lst 列表
        se=[b[len(b)-1],a[len(a)-1],b[0],a[0]] # 提取交错处的面顶点
        dt.AddRange(se,GH_Path(m,len(a)-1)) # 向字典中追加交错处面的顶点
        return dt # 返回字典
PLst=grouper(branches,PT) # 执行 grouper 函数
```

2 力对象与解算的几何对象 +3 解算与几何对象的输出

```
# 用 Python 编写树型数据模式分组
import Rhino # 调入模块 Rhino
import rhinoscriptsyntax as rs # 调入模块 rhinoscriptsyntax 并定义别名为 rs
import math # 调入 math 模块
from Grasshopper import DataTree # 调入类 DataTree
from Grasshopper.Kernel.Data import GH_Path # 调入函数 GH_Path
pattern=Pattern # 将输入端 0、1 或者 True、False 布尔值模式赋值给新的变量
data=TreeData # 将输入端树型数据赋值给新的变量
branches=data.Branches # 将所有路径分支下的项值放置于各自的子列表中后放置于父级列表中
patt=[] # 建立空的列表
multi=math.floor(len(branches)/len(pattern)) # 计算路径分支数量与模式列表项值数量的倍数
patt=pattern*int(multi) # 列表乘以倍数，循环模式数据
ends=len(branches)-(len(pattern)*multi) # 计算路径分支数量与倍数相乘后模式列表项值数
的差值
if ends!=0: # 判断差值是否不为 0，如果不为 0，则需要补全到与路径分支数量同样长度的模式列表
    patt=patt+pattern[:int(ends)] # 补全模式列表
print(patt)
TData=DataTree[Rhino.Geometry.GeometryBase]() # 定义空的字典
FData=DataTree[Rhino.Geometry.GeometryBase]() # 定义空的字典
for i in range(len(patt)): # 循环遍历模式列表
    if int(patt[i])==0 or int(patt[i])==False: # 如果索引值为 i，项值为假时
        FData.AddRange(branches[i],GH_Path(i))
    else: # 即索引值为 i，项值为真时
        TData.AddRange(branches[i],GH_Path(i))
```

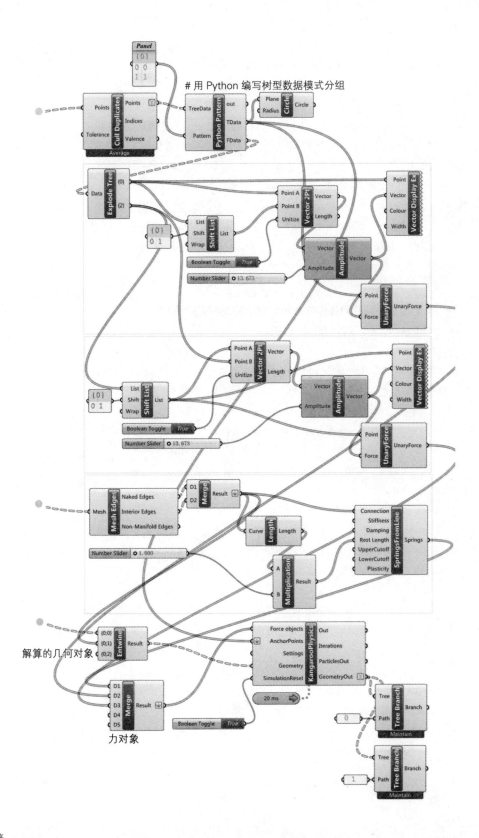

用 Python 编写树型数据模式分组

解算的几何对象

力对象

2 聚集褶皱

前文阐述的手风琴式或刀片褶皱都可以沿一边或者某一点聚集从而产生新的变化形式。在计算机模拟的过程中，则可以约束一些位置点，并施加为了产生聚集而作用的力。

2.1 手风琴褶皱

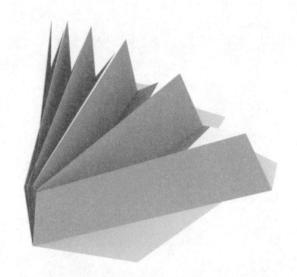

将手风琴褶皱的一边通过施加 PowerLaw 吸引力的方式集聚，而相对的一边施加 PowerLaw 排斥力的方式拉开，因为吸引力和排斥力的渐变性使得折叠的过程出现缓慢的变化。在这个过程中固定了一边的点为锚点，并将除去施加向上力的点位置外其他的点约束在 XY 平面上，防止发生三维方向上的扭曲。

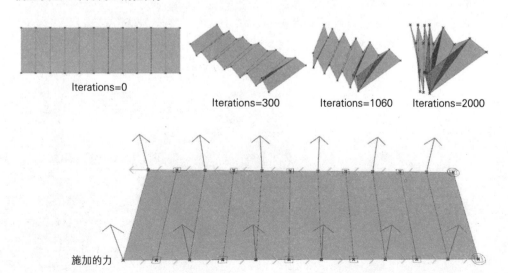

Iterations=0

Iterations=300　　　Iterations=1060　　　Iterations=2000

施加的力

#1– 构建具有折痕的"纸"
用 Python 编写点组织模式，参看手风琴
式线型中的程序编写说明

用 Python 编写点组织模式

#2– 力对象与解算的几何对象
用 Python 编写移除列表首尾数据，参
看盒形褶皱线型

用 Python 编写移除列表首尾数据

#3– 解算与几何对象的输出

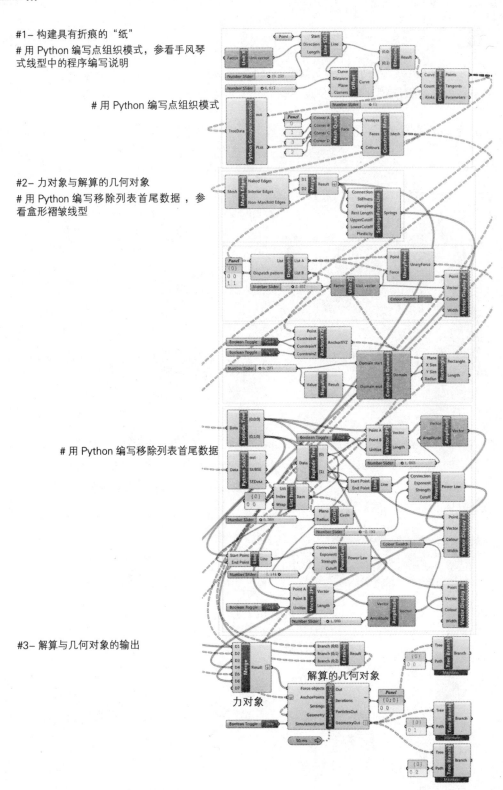

解算的几何对象

力对象

折叠的形式变化越多，需要施加的力形式可能就越多。一个棱形的折叠过程需要控制两侧、中间的吸引力或者排斥力，并施加向上的一元力，为了增加变化施加力的大小可能需要增加变化，同时需要约束部分点的位置在 XY 平面。

1 构建具有折痕的"纸"

● 构建具有折痕的"纸"使用由 Python 编写的两个核心组件，一个是用 Python 编写顶点排序，另外一个是用 Python 编写点组织模式，因为树型数据路径分支大于等于 3，因此调整了 Python 编写点组织模式的程序。

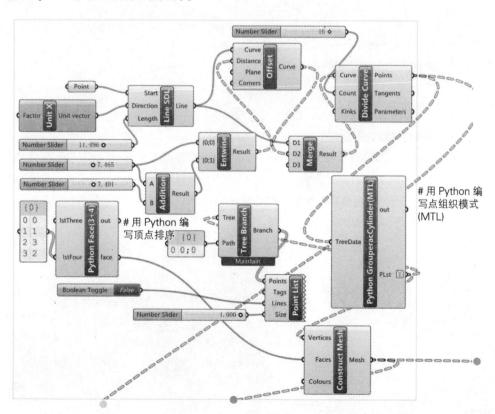

```
# 用 Python 编写顶点排序，参看对称重复旋转中的程序编写说明
# 用 Python 编写点组织模式 (MTL)，同时可以参看手风琴式线型中的程序编写说明
import Rhino
import rhinoscriptsyntax as rs
from Grasshopper import DataTree
from Grasshopper.Kernel.Data import GH_Path
data=TreeData
branches=data.Branches
PT=DataTree[Rhino.Geometry.GeometryBase]()
def grouper(branches,dt):
    for m in range(len(branches)-1):
        a=branches[m]
        b=branches[m+1]
        for i in range(len(a)-1):
            lst=[]
            lst.append(b[i])
            lst.append(a[i])
            lst.append(b[i+1])
            lst.append(a[i+1])
            dt.AddRange(lst,GH_Path(m,i))
    return dt
PLst=grouper(branches,PT)
```

2 力对象与解算的几何对象

●　力的施加上采取了多种变化的力形式，包括两侧向上的 Unary 一元力，中间向上力大小成正弦函数变化的 Unary 一元力，两侧与中间向中间点位置的 PowerLaw 吸引力，中间两侧端点以及两侧部分点位置被约束于 XY 平面运动，下部边中间点作为锚点，综合施加力形式，获取希望的梭形形式折叠过程。

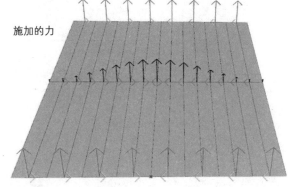

施加的力

施加 Spring 弹力

施加向上 Unary 的一元力
用 Python 编写树型数据
模式分组，参看螺旋褶皱 /
盒形螺旋
用 Python 编写移除列表
首尾数据，参看盒形褶皱
线型

用 Python 编写树型数据模式分组

用 Python 编写移
除列表首尾数据

施加 PowerLaw 吸引力

施加 PowerLaw 排斥力

施加向上正弦函数变化的
Unary 的一元力

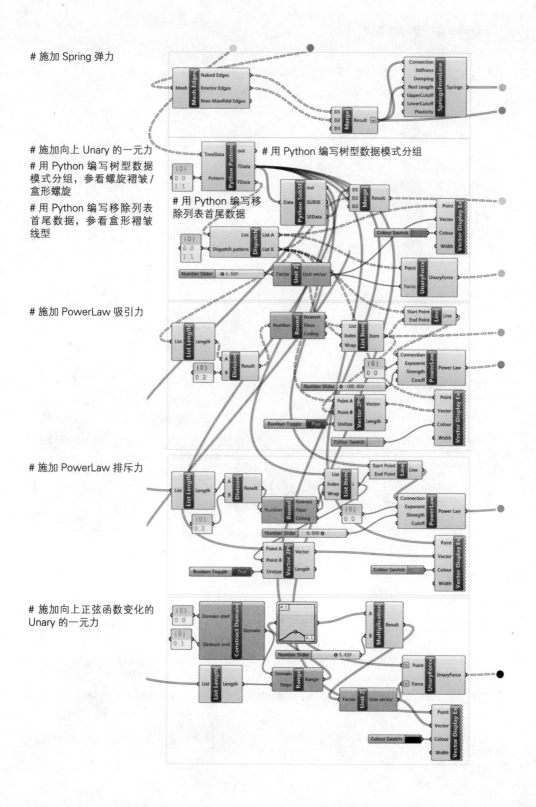

3 解算与几何对象的输出

- 输出折叠的"纸",折痕与边线以及用于标示力方向的点。

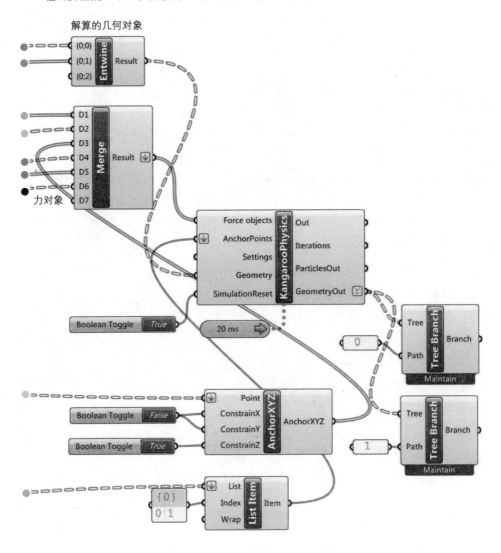

解算的几何对象

力对象

2.2 刀片褶皱

将刀片褶皱按照横向的折痕施加合拢的力,如果在刀片褶皱折叠的过程中同时施加合拢的力,折叠的过程将会记录下施加的力共同作用的结果。

Iterations=0

Iterations=310

Iterations=970

Iterations=1560

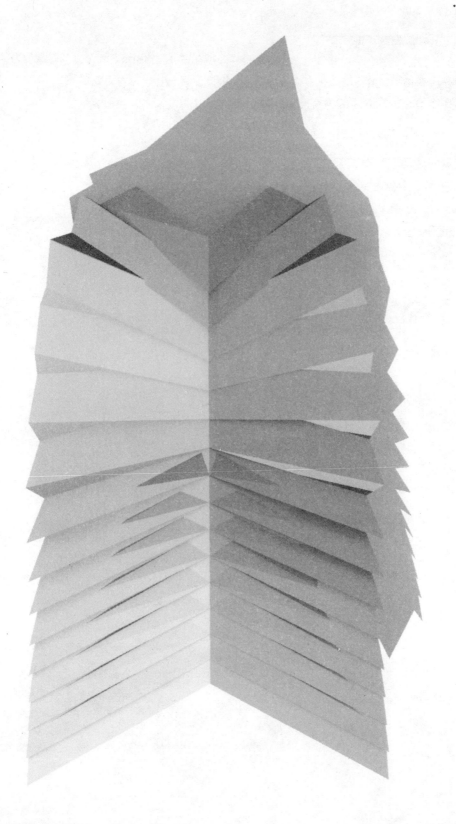

1 构建具有折痕的"纸"

● 前文阐述的刀片褶皱只有一排格网，即不存在横向的折痕，如果施加合拢的力则需要至少两排横向的格网即存在横向的折痕，因此使用 Python 编写点组织模式（MTL）和用 Python 编写数据列表构建具有折痕的"纸"。

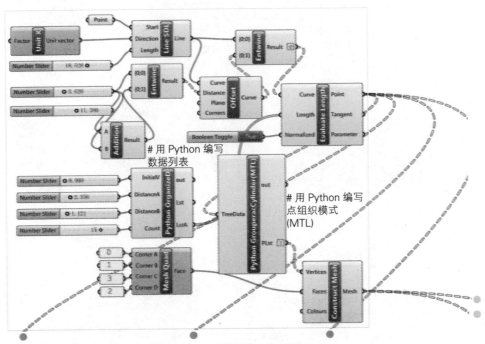

\# 用 Python 编写数据列表，参看基础褶皱／刀片褶皱程序编写说明
\# 用 Python 编写点组织模式(MTL)，参看聚集褶皱／手风琴褶皱

2 力对象与解算的几何对象

● 在施加力的计划上首先需要根据涉及的目的尝试施加不同形式的力，解算研究折叠形式的变化，这个过程本身就是创造的过程，往往不经意间获得比预期更富于变化的折叠形式。为了获取刀片折叠的形式施加向下的力和向左的力；为了获取合拢的形式，施加具有韵律变化的垂直横向折痕相向的力；同时约束中间部分点沿 XY 平面运动。

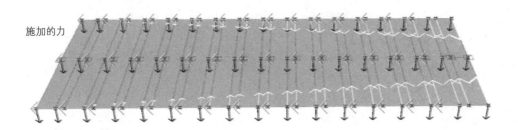

施加的力

用 Python 编写树型
数据模式分组，参看
螺旋褶皱 / 盒形螺旋
用 Python 编写移除
列表首尾数据，参看
盒形褶皱线型

用 Python 编写树型数据模式分组

用 Python 编写移除
列表首尾数据

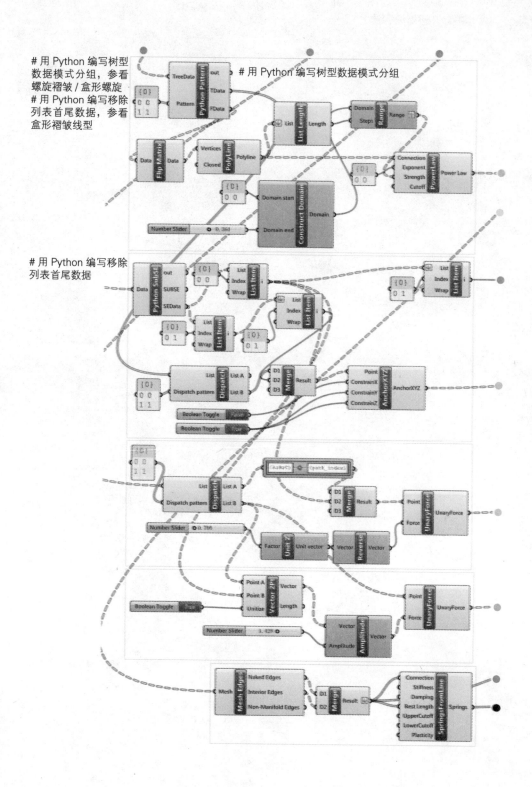

3 解算与几何对象的输出

● 输出折叠的"纸",折痕与边线以及用于标示力方向的点。

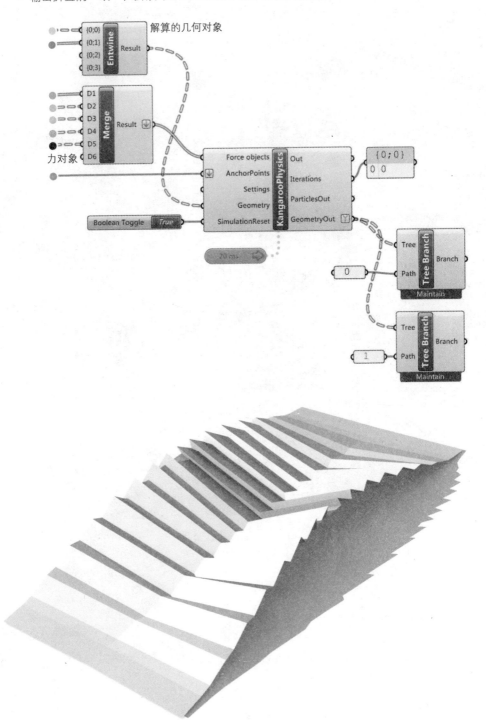

线型的刀片褶皱可以聚集，反射的刀片褶皱也可以聚集，将前文阐述的反射的刀片褶皱变化为复合多层的格网结构，设置横向的折痕施加以不同形式的力，可以推演出基于反射刀片褶皱的合拢形式。

3.1 构建具有折痕的"纸"

● 使用 Python 编写点组织模式（MTL）和用 Python 编写数据列表构建多层复合的、具有折痕的"纸"。

\# 用 Python 编写数据列表，参看基础褶皱 / 刀片褶皱程序编写说明
\# 用 Python 编写点组织模式 (MTL)，参看聚集褶皱 / 手风琴褶皱

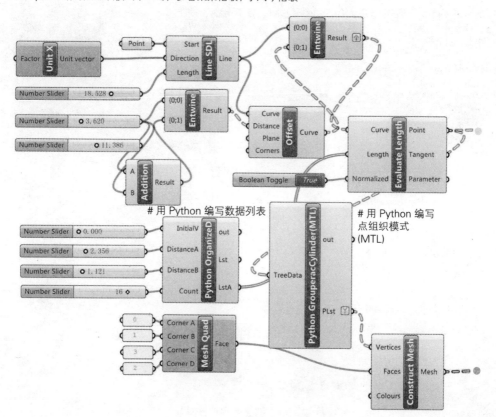

3.2 力对象与解算的几何对象

● 因为是反射的刀片褶皱，由外向内对等地施加力，并施加向上正弦函数变化的一元力，约束横向部分点在 X 方向上，在折叠的过程中"纸"被有韵律地抬升并折叠。为了方便程序的编写，使用 Python 编写数据中部切分的程序，能够将数型数据从中部切分为两部分，并翻转一部分数据的顺序形成数据索引值排序相对的形式。

```python
# 用 Python 编写数据中部切分
import Rhino # 调入模块 Rhino
import rhinoscriptsyntax as rs # 调入模块 rhinoscriptsyntax 并定义别名为 rs
import math # 调入 math 模块
from Grasshopper import DataTree # 调入类 DataTree
from Grasshopper.Kernel.Data import GH_Path # 调入函数 GH_Path
data=TreeData # 将输入端树型数据赋值给新的变量
branches=data.Branches # 将所有路径分支下的项值放置于各自的子列表中后放置于父级列表中
branchcount=TreeData.BranchCount # 统计所有路径分支的数量
datacount=int(TreeData.DataCount/branchcount) # 计算一个路径分支下的项值数量
print(branchcount,datacount)
OddA=DataTree[Rhino.Geometry.GeometryBase]() # 建立空的字典
OddB=DataTree[Rhino.Geometry.GeometryBase]() # 建立空的字典
OddC=DataTree[Rhino.Geometry.GeometryBase]() # 建立空的字典
EvenA=DataTree[Rhino.Geometry.GeometryBase]() # 建立空的字典
EvenB=DataTree[Rhino.Geometry.GeometryBase]() # 建立空的字典
lsta=[] # 建立空的列表
lstb=[] # 建立空的列表
lstc=[] # 建立空的列表
for i in range(branchcount): # 循环遍历路径分支
    if datacount%2==0: # 判断项值数量为偶数时的情况
        td=branches[i] # 提取索引值为 i 时的子列表
        for m in range(datacount): # 循环遍历子列表
            if m<datacount/2: # 提取前半部分的项值并放置于新列表中
```

```
                lsta.append(td[m])

        else: # 提取后半部分的项值并放置于新列表中

                lstb.append(td[m])

    lstb.reverse() # 翻转后半部分数据列表

    EvenA.AddRange(lsta,GH_Path(i)) # 向字典中追加路径名为 i 的前部分数据列表

    EvenB.AddRange(lstb,GH_Path(i)) # 向字典中追加路径名为 i 的后部分数据列表

    lsta=[] # 将列表清空用于逐次的循环

    lstb=[] # 将列表清空用于逐次的循环

else: # 当项值数量为奇数时的情况

    td=branches[i] # 提取索引值为 i 时的子列表

    for m in range(datacount): # 循环遍历子列表

        if m<math.floor(datacount/2): # 提取前半部分的项值并放置于新列表中

                lsta.append(td[m])

        if m>math.floor(datacount/2): # 提取后半部分的项值并放置于新列表中

                lstb.append(td[m])

        if m==math.floor(datacount/2): # 提取中间值放置于新列表中

                lstc.append(td[m])

    lstb.reverse() # 翻转后半部分数据列表

    OddA.AddRange(lsta,GH_Path(i)) # 向字典中追加路径名为 i 的前部分数据列表

    OddB.AddRange(lstb,GH_Path(i)) # 向字典中追加路径名为 i 的后部分数据列表

    OddC.AddRange(lstc,GH_Path(i)) # 向字典中追加路径名为 i 的中间值数据列表

    lsta=[] # 将列表清空用于逐次的循环

    lstb=[] # 将列表清空用于逐次的循环

    lstc=[] # 将列表清空用于逐次的循环
```

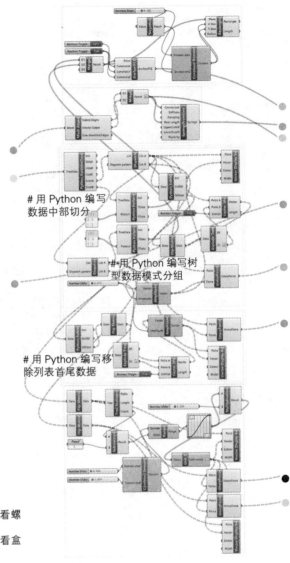

用 Python 编写
数据中部切分

用 Python 编写树
型数据模式分组

用 Python 编写移
除列表首尾数据

用 Python 编写树型数据模式分组，参看螺
旋褶皱 / 盒形螺旋
用 Python 编写移除列表首尾数据，参看盒
形褶皱线型

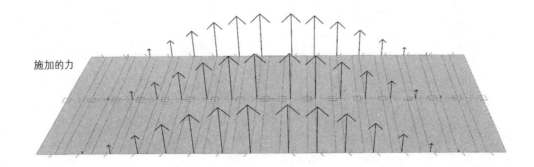

施加的力

3.3 解算与几何对象的输出

● 输出折叠的"纸",折痕与边线以及用于标示力方向的点。

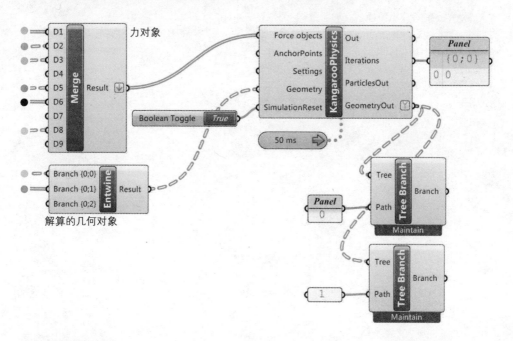

力对象

解算的几何对象

3 扭曲褶皱

　　单纯用缺少弹性的纸很难扭曲褶皱,但是当选择布料等软性的物质则可以获得丰富多彩的形式。那么在实际的扭曲褶皱模拟中只是构建具有折痕的"纸",因为缺少格网的细分而折叠过程缺少变化,因此为了模拟与布料相似的物质,将格网进一步细分,从而获得"软"的质地。

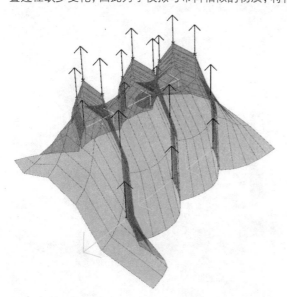

1 构建具有折痕的"纸"

● 首先使用前文阐述的方法构建基本具有折痕的"纸"再进行细分。

```python
# 用 Python 编写点组织模式，参看手风琴式线型中的程序编写说明
# 用 Python 编写数据列表 (Three)，同时可以参看基础褶皱 / 刀片褶皱程序编写说明
initialv=float(InitialV)
distancea=float(DistanceA)
distanceb=float(DistanceB)
distancec=float(DistanceC) # 增加第三个距离控制的输入项
count=int(Count)
Lst=[]
Lst.append(initialv)
for i in range(count):
    initialv+=distancea
    Lst.append(initialv)
    initialv+=distanceb
    Lst.append(initialv)
    initialv+=distancec # 计算第三个距离提取的点
    Lst.append(initialv)
Lst.append(count*(distancea+distanceb+distancec)+distancea) # 调整最后一个距离值并追加
到列表中
LstA=[]
for i in Lst:
    a=i/Lst[-1]
    LstA.append(a) # 将列表清空用于逐次的循环
```

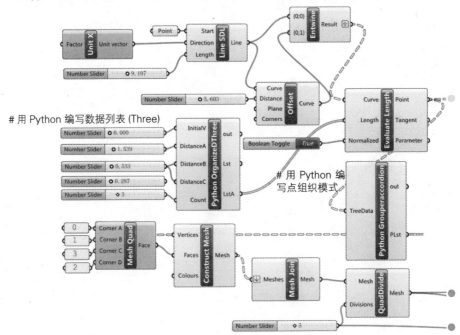

122 折叠的程序

2 力对象与解算的几何对象

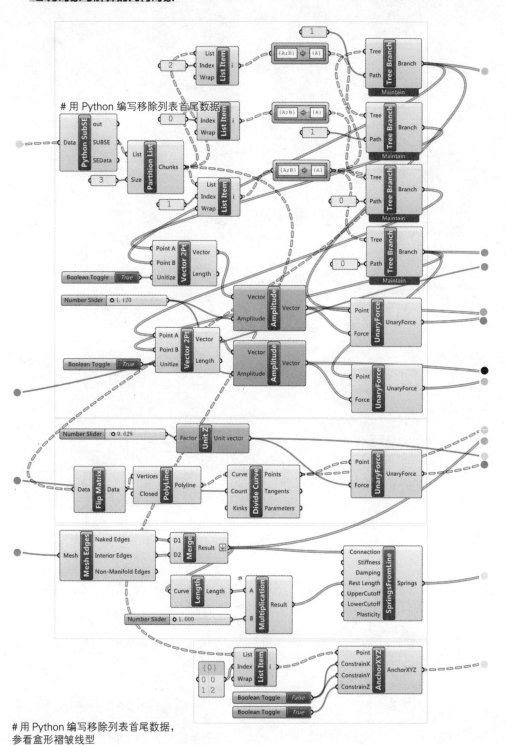

\# 用 Python 编写移除列表首尾数据，
参看盒形褶皱线型

3 解算与几何对象的输出

● 输出折叠的"纸",折痕与边线以及用于标示力方向的点。

力对象

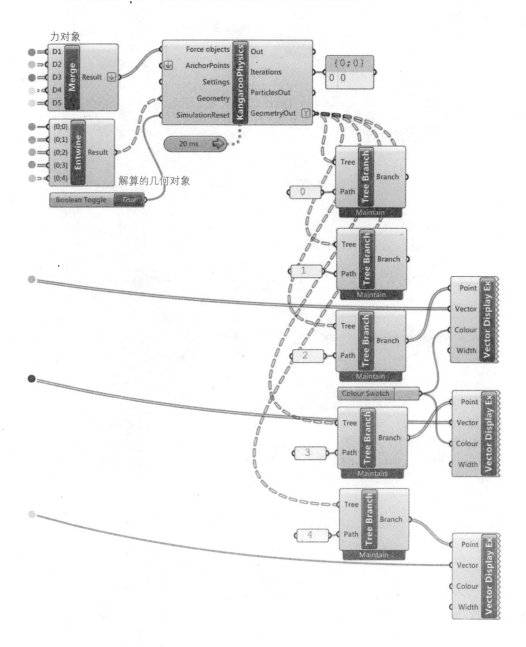

解算的几何对象

V Folds
V 形褶皱

5

"几乎所有的Ｖ形褶皱都是动态的，能够创造出扩张和收缩的表面，在许多位置都可以弯曲和扭曲。Ｖ形褶皱没有固定的形式，能够以一种宽泛多样的方式来移动，而这些取决于折叠的位置。

Ｖ形褶皱是一种迷人的探索，有着更多的折叠、更多的重复和增加的复杂几何形。"

——《从平面到立体——设计师必备的折叠技巧》

Ｖ形褶皱似乎能够通过峰形折叠和谷形折叠不断重复的折叠形式创造出复杂的形式，这个过程在计算机动力学模拟中也许并不复杂，却能够衍生超出实际折叠所能够达到的形式范畴，探索更为广阔的形式领域。

1 基础的 V 形褶皱

Ｖ形褶皱折叠的过程可以沿中轴折叠也可以沿对角线折叠，甚至适宜的任何方向。谷形折痕和峰形折痕重复的次数也没有限制，可以根据设计的目的确定折痕的多少。

1.1 沿中轴折叠

将对称的折痕放置于中轴，为了在模拟过程中适应多折痕的形式变化过程，按照一般情况即谷形折痕和峰形折痕施加力对象，在这个过程中将一端固定，约束峰形折痕，谷形折痕施加向上的一元力。

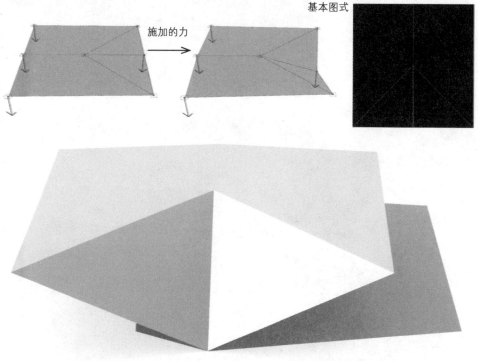

施加的力

基本图式

1 构建具有折痕的"纸"

用 Python 编写点组织模式 (MTL)，参看聚集褶皱 / 手风琴褶皱

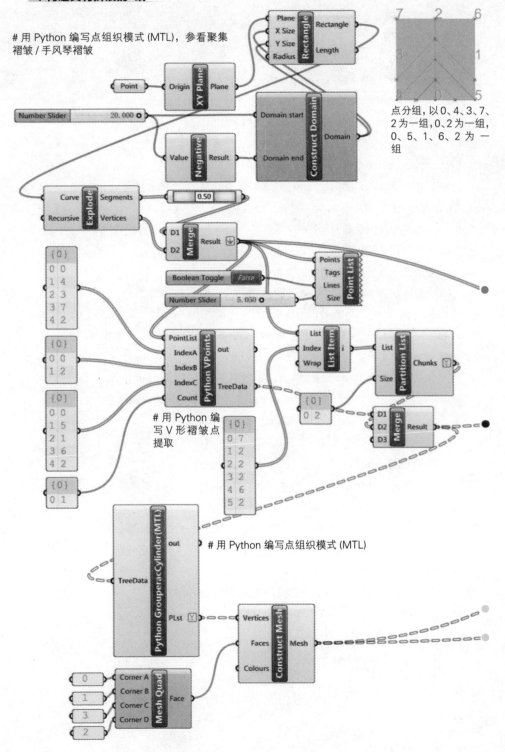

点分组，以 0、4、3、7、2 为一组，0、2 为一组，0、5、1、6、2 为一组

用 Python 编写 V 形褶皱点提取

用 Python 编写点组织模式 (MTL)

● 编写 V 形褶皱关键的部分仍然是如果构建具有折痕的 "纸",通过 Python 编写针对 V 形褶皱的点提取程序,输入项分别为点列表、点模式索引值以及等分数量的一半值。输出的值为构建 Mesh 格网的顶点,并连接用 Python 编写点组织模式 (MTL) 程序,重新组织格网定点并构建格网。

```python
# 用 Python 编写 V 形褶皱点提取
import Rhino # 调入模块 Rhino
import rhinoscriptsyntax as rs # 调入模块 rhinoscriptsyntax 并定义别名为 rs
from Grasshopper import DataTree # 调入类 DataTree
from Grasshopper.Kernel.Data import GH_Path # 调入函数 GH_Path
plst=PointList # 将输入端点数据列表赋值给新的变量
count=int(Count) # 将输入端等分数值转化为整数值
ia=IndexA # 将索引值列表赋值给新的变量
ib=IndexB # 将索引值列表赋值给新的变量
ic=IndexC # 将索引值列表赋值给新的变量
PT=DataTree[Rhino.Geometry.Point3d]() # 建立空的字典
lengthU=(rs.Distance(rs.PointCoordinates(plst[int(ib[0])]),\
rs.PointCoordinates(plst[int(ib[1])]))/2)/count # 计算基本等分长度
minlength=count*2 # 计算等分次数
indexlst=[ia,ib,ic] # 将索引值列表作为子列表放置于父级列表中
def addply(indexlst,plst,PT,minlength,lengthU): # 定义获取格网顶点的函数
    for m in range(len(indexlst)): # 循环遍历索引值列表
        polst=[] # 建立空的列表,用于放置每次循环时等分的点
        for i in indexlst[m]: # 循环子列表即索引值
            polst.append(rs.PointCoordinates(plst[int(i)])) # 将点对象转化为点坐标
        polyl=rs.AddPolyline(polst) # 建立折线
        adividepoints=rs.DivideCurveLength(polyl,lengthU) # 根据长度等分点
        PT.AddRange(adividepoints[:minlength],GH_Path(m)) # 提取点列表并追加到字典中
    return PT # 返回字典
addply(indexlst,plst,PT,minlength,lengthU) # 执行 addply() 函数
TreeData=PT # 将 PT 字典赋值给输出端变量
```

2 力对象与解算的几何对象 +3 解算与几何对象的输出

#2- 力对象与解算的几何对象

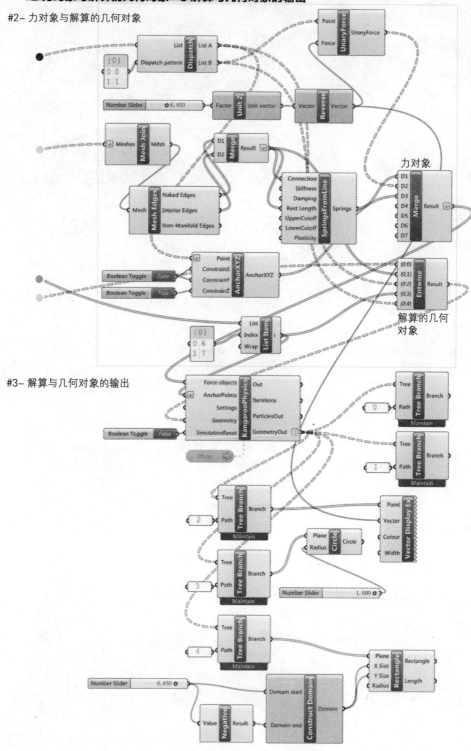

力对象

解算的几何
对象

#3- 解算与几何对象的输出

Count=2 时

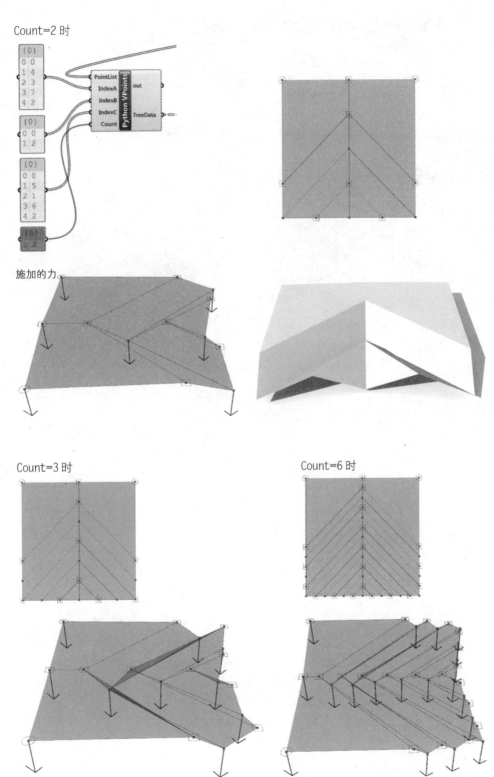

施加的力

Count=3 时

Count=6 时

Count=16 时

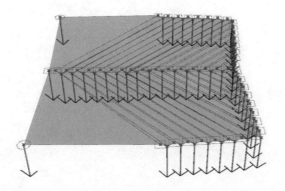

1.2 沿对角线折叠

沿对角线构建对称的折痕，格网的构建方法作了略微的变化，需要调整用 Python 编写 V 形褶皱点提取程序，将按照长度等分的方法改为用数量等分的方法。

施加的力

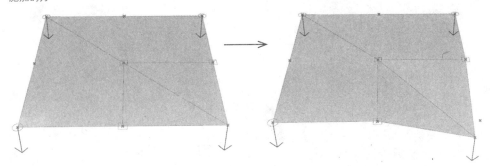

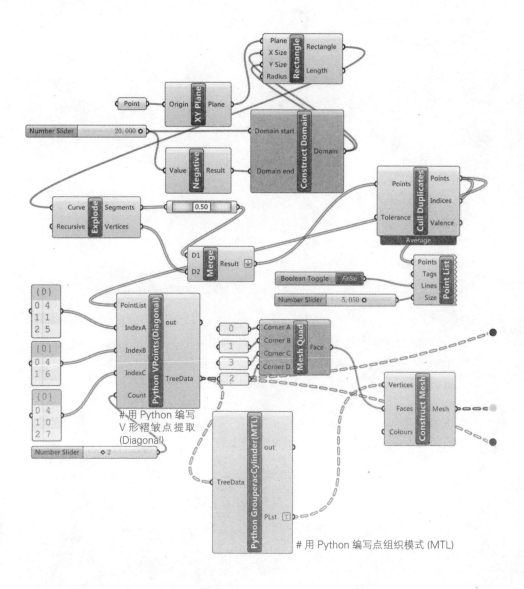

用 Python 编写
V 形褶皱点提取
(Diagonal)

用 Python 编写点组织模式 (MTL)

1 构建具有折痕的 "纸"

```python
# 用 Python 编写点组织模式 (MTL)，参看聚集褶皱 / 手风琴褶皱
# 用 Python 编写 V 形褶皱点提取 (Diagonal)，同时参考基础的 V 形褶皱 / 沿中轴折叠
import Rhino
import math
import rhinoscriptsyntax as rs
from Grasshopper import DataTree
from Grasshopper.Kernel.Data import GH_Path
plst=PointList
ia=IndexA
ib=IndexB
ic=IndexC
indexlst=[ia,ib,ic]
PT=DataTree[Rhino.Geometry.Point3d]()
if Count is not None:
    count=int(Count)
    minlength=count*2
def addply(indexlst,plst,PT,count):
    for m in range(len(indexlst)):
        polst=[]
for i in indexlst[m]:
        polst.append(rs.PointCoordinates(plst[int(i)]))
        polyl=rs.AddPolyline(polst)
        adividepoints=rs.DivideCurve(polyl,count) # 根据等分数等分线段
        PT.AddRange( adividepoints,GH_Path(m))
    return PT
addply(indexlst,plst,PT,count)
TreeData=PT
```

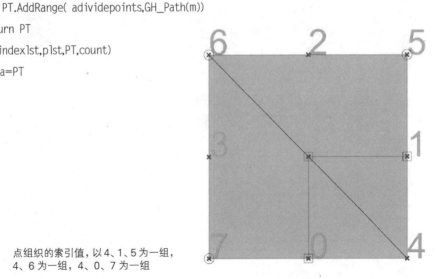

点组织的索引值，以 4、1、5 为一组，
4、6 为一组，4、0、7 为一组

2 力对象与解算的几何对象 +3 解算与几何对象的输出

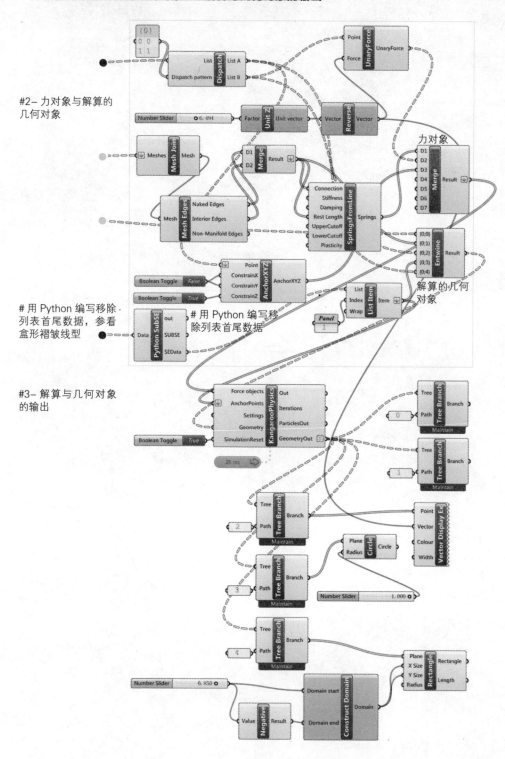

#2- 力对象与解算的几何对象

力对象

解算的几何对象

 # 用 Python 编写移除列表首尾数据，参看盒形褶皱线型

用 Python 编写移除列表首尾数据

#3- 解算与几何对象的输出

Count=3 时

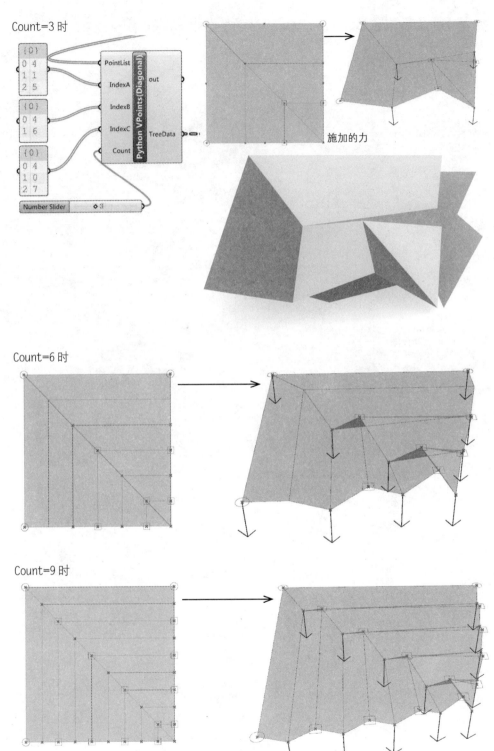

施加的力

Count=6 时

Count=9 时

Count=39 时

施加的力

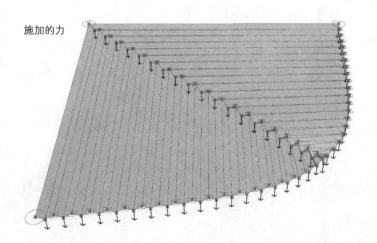

2 变形

在基础的 V 形褶皱基础上，可以变化对称轴的位置、方向以及折痕倾斜角度和打破对称，实现更多的变化。

2.1 移动对称线

可以将对称轴移向一边，从而产生不对称的变化美，直接使用基础的 V 形褶皱 / 沿中轴折叠的程序，只是适当调整 1– 构建具有折痕的"纸"部分程序，对 Mesh 格网进行调整，其他两部分 2– 力对象与解算的几何对象和 3– 解算与几何对象的输出并不发生改变，可以参看基础的 V 形褶皱 / 沿中轴折叠的程序，这里不再赘述。

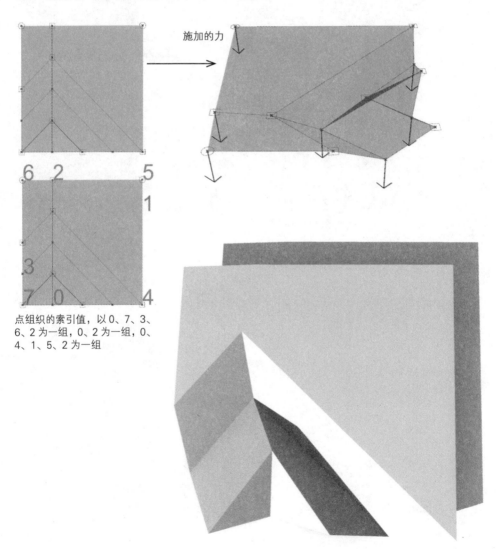

施加的力

点组织的索引值，以 0、7、3、6、2 为一组，0、2 为一组，0、4、1、5、2 为一组

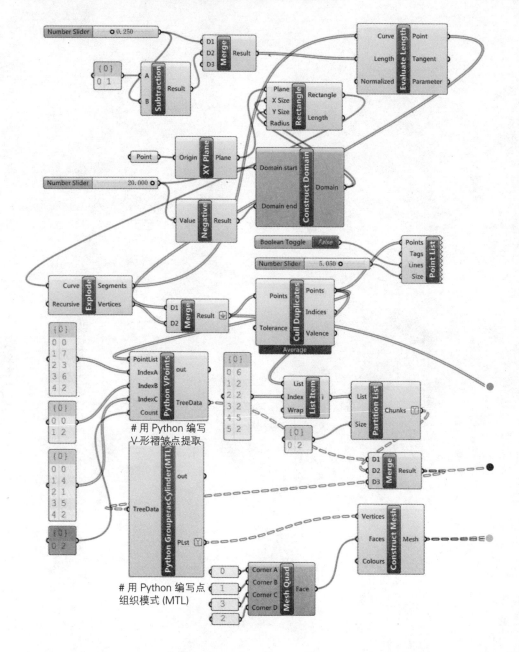

用 Python 编写点组织模式 (MTL)，参看聚集褶皱 / 手风琴褶皱
用 Python 编写 V 形褶皱点提取，参看基础的 V 形褶皱 / 沿中轴折叠

用 Python 编写
V 形褶皱点提取

用 Python 编写点
组织模式 (MTL)

2.2 改变 V 形褶皱的角度

以变形 / 移动对称线的程序为基础，调整用 Python 编写 V 形褶皱点提取，增加改变角度变化的输入参数 Multi，从而依据不同的长度单位等分线段获取角度变化的形式结果。

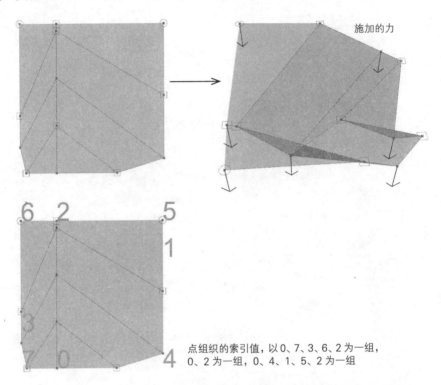

施加的力

点组织的索引值，以 0、7、3、6、2 为一组，
0、2 为一组，0、4、1、5、2 为一组

\# 用 Python 编写 V 形褶皱点提取 (Angle)，同时可以参看

基础的 V 形褶皱 / 沿中轴折叠

```python
import Rhino
import rhinoscriptsyntax as rs
from Grasshopper import DataTree
from Grasshopper.Kernel.Data import GH_Path
multi=float(Multi) #增加控制角度变化的输入端参数
Multi,并变换为浮点数赋值给新的变量
plst=PointList
count=int(Count)
ia=IndexA
ib=IndexB
ic=IndexC
PT=DataTree[Rhino.Geometry.Point3d]()
lengthU=(rs.Distance(rs.PointCoordinates(plst[int(ib[0])]),\
rs.PointCoordinates(plst[int(ib[1])]))/2)/count
minlength=count*2
indexlst=[ia,ib,ic]
def addply(indexlst,plst,PT,minlength,lengthU,multi):
    for m in range(len(indexlst)):
        polst=[]
        for i in indexlst[m]:
            polst.append(rs.PointCoordinates(plst[int(i)]))
        polyl=rs.AddPolyline(polst)
        adividepoints=rs.DivideCurveLength(polyl,(lengthU+5*m)*multi) #调整等分长度的大小
        PT.AddRange(adividepoints[:minlength],GH_Path(m))
    return PT
addply(indexlst,plst,PT,minlength,lengthU,multi)
TreeData=PT
```

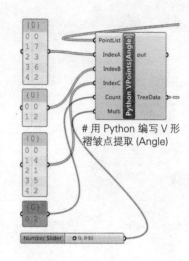

\# 用 Python 编写 V 形
褶皱点提取 (Angle)

2.3 打破对称

以变形/移动对称线的程序为基础，修改对称轴点的索引值，获取不对称具有折痕的"纸"，其他两部分 2- 力对象与解算的几何对象和 3- 解算与几何对象的输出并不发生改变。

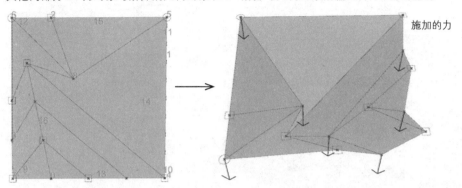

施加的力

点组织的索引值，以 0、7、3、6、2 为一组，0、12、15、8 为一组，0、4、1、5、2 为一组

用 Python 编写点组织模式 (MTL)，参看聚集褶皱 / 手风琴褶皱
用 Python 编写 V 形褶皱点提取，参看基础的 V 形褶皱 / 沿中轴折叠

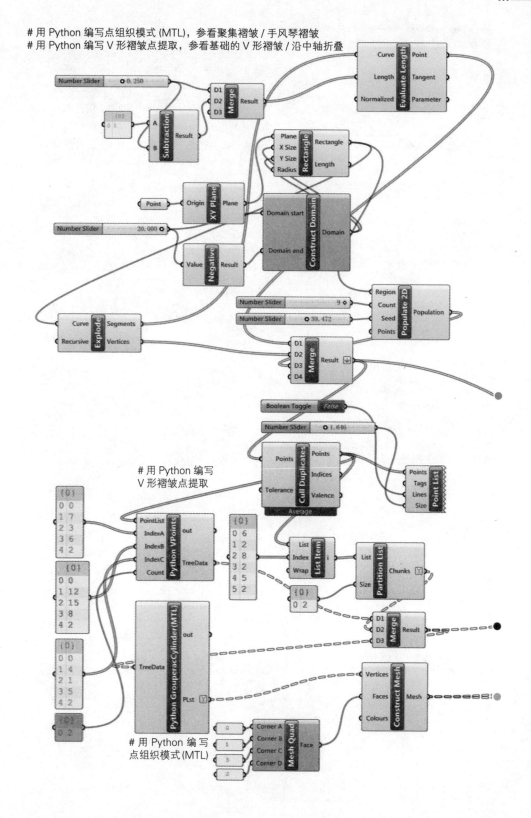

用 Python 编写
V 形褶皱点提取

用 Python 编写
点组织模式 (MTL)

3 V形叠加

可以将基础的V形褶皱不断地重复，创造出复杂而又简单的韵律美。

3.1 重复

沿一个方向不断重复基本的图式，当数量不断增加的时候，简单的模式似乎变得很复杂，因此形成韵律的美感。

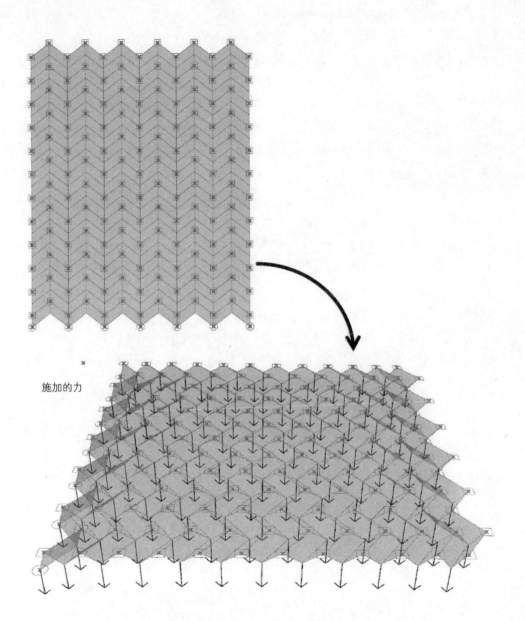

施加的力

1 构建具有折痕的"纸"

● 重新调整了构建具有折痕的"纸"程序，使用不断可以控制错开的平行直线提取的等分点作为用 Python 编写点组织模式 (MTL) 的输入端顶点。

用 Python 编写点组织模式 (MTL)，参看聚集褶皱 / 手风琴褶皱

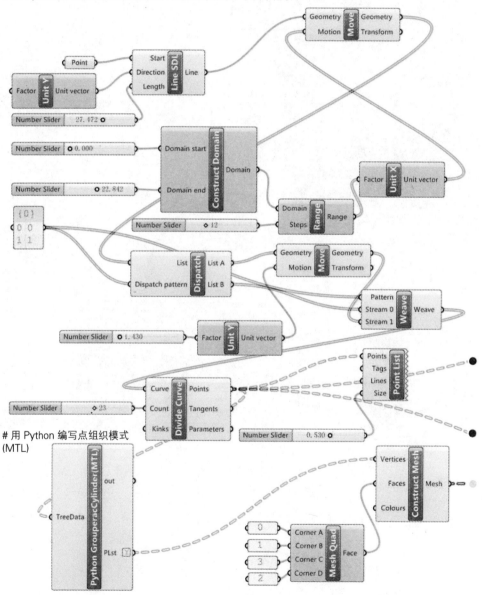

用 Python 编写点组织模式 (MTL)

2 力对象与解算的几何对象 +3 解算与几何对象的输出

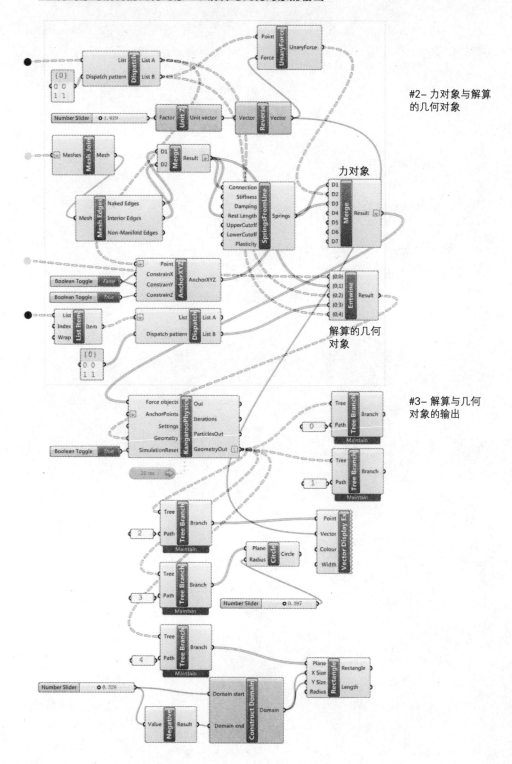

#2– 力对象与解算
的几何对象

力对象

解算的几何
对象

#3– 解算与几何
对象的输出

3.2 平行但不相等

在 V 形叠加 / 重复程序的基础上调整基础轴线的位置，通过使用随机函数获得间距不等的折痕形式。这个过程只需要调整开始的部分程序，其他的程序部分，保持不变。

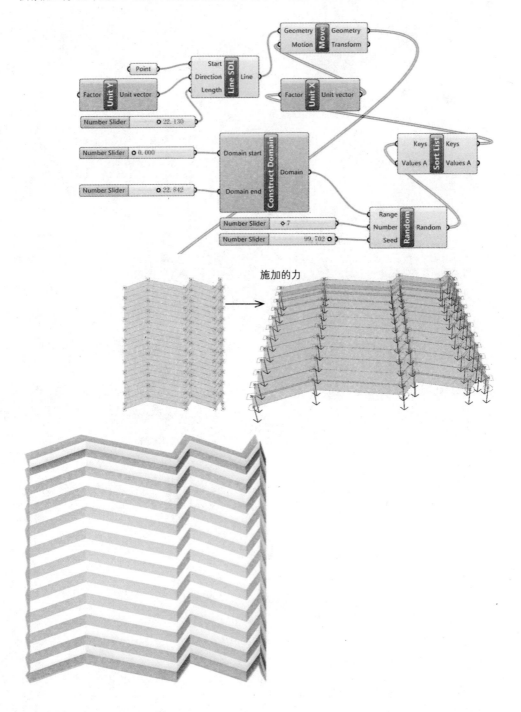

施加的力

3.3 随机的对称线

　　将各个对称轴随意地倾斜，即可获得又一种变化的形式。在 V 形叠加 / 重复程序的基础上调整基础轴线的变化，其他程序部分不发生改变。

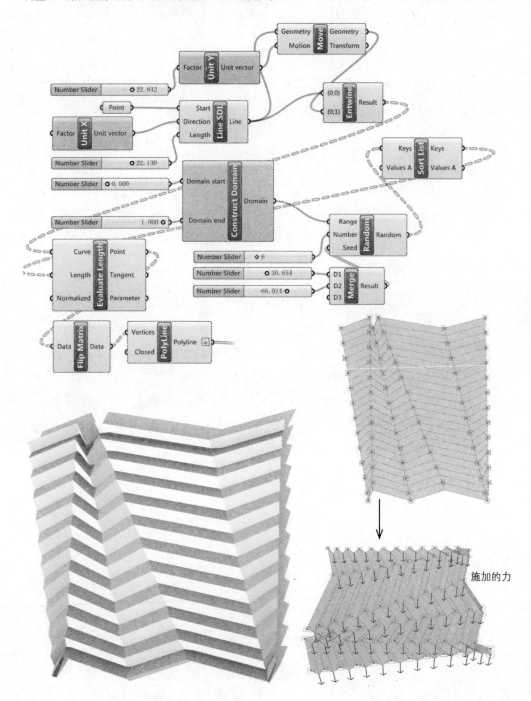

施加的力

3.4 变形

以随机的对称线程序为基础，在对称线不平行，而随机变化的条件下，再将对称线的等分处理为随机点的提取，增加第二层变化，从而获取更丰富的变形，其他两部分 2- 力对象与解算的几何对象和 3- 解算与几何对象的输出并不发生改变。

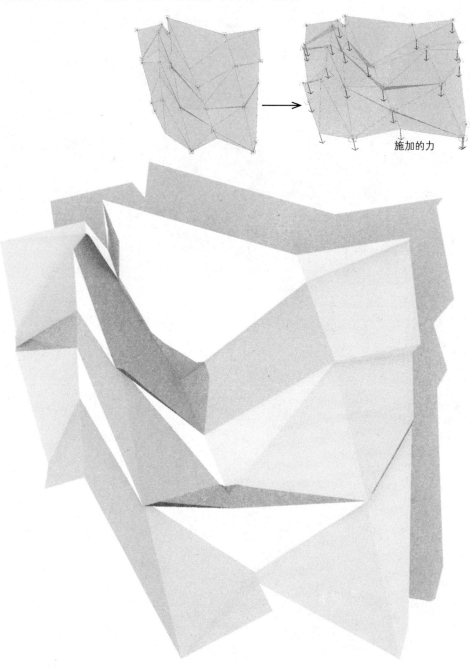

施加的力

构建具有折痕的"纸"

用 Python 编写点组织模式
(MTL)，参看聚集褶皱 / 手风
琴褶皱

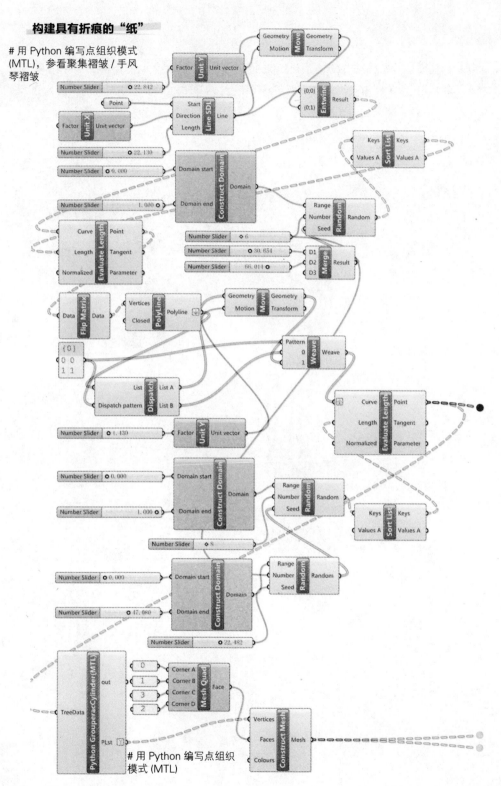

用 Python 编写点组织
模式 (MTL)

4 圆柱体 V 形

在圆柱体上建立 V 形折痕，折痕具有圆柱体的属性并受其约束，因为施加的力的不同形式变化多样，如果同时改变对称轴的间距或者不平行，以及横向折痕的数量和位置，基于圆柱体的 V 形折痕的变化更是千差万别。

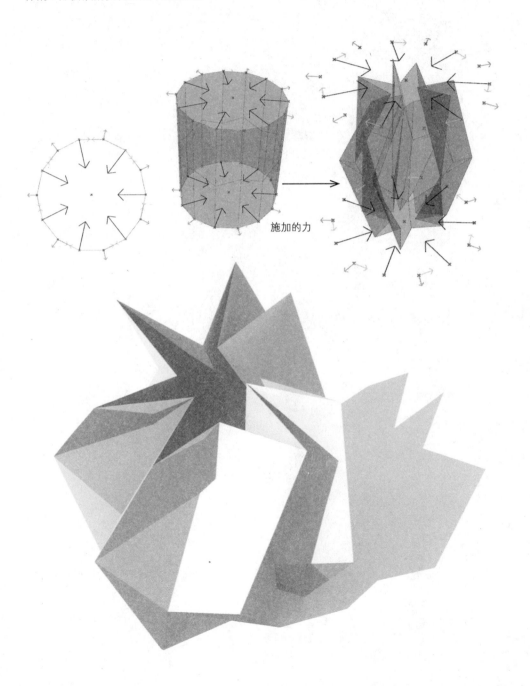

施加的力

1 构建具有折痕的 "纸"

```python
# 用 Python 编写点组织模式 (MTL)，参看聚集褶皱 / 手风琴褶皱
# 用 Python 编写圆柱面 V 形褶皱顶点提取
import Rhino # 调入模块 Rhino
import rhinoscriptsyntax as rs # 调入模块 rhinoscriptsyntax 并定义别名为 rs
from Grasshopper import DataTree # 调入类 DataTree
from Grasshopper.Kernel.Data import GH_Path # 调入函数 GH_Path
OD=DataTree[Rhino.Geometry.Point3d]() # 建立空的字典
paralst=[float(a) for a in ParaList] # 将列表字符串转换为浮点数
revepara=[] # 建立空的列表
for i in paralst: # 循环遍历数据列表
    revepara.append(1-i) # 计算 1-i 的值并追加到空列表中
for i in range(len(PList)): # 循环遍历折线列表
    lst=[] # 建立空的列表，用于放置每次循环提取的点
    if i%2==0: # 判断索引值为偶数时
        lst.append(rs.CurveStartPoint(PList[i])) # 提取折线开始端的点，并追加到列表中
        for m in paralst: # 循环遍历数据列表 paralst
            lst.append(rs.EvaluateCurve(PList[i],m)) # 提取点并追加到列表中
        lst.append(rs.CurveEndPoint(PList[i])) # 提取折线结束端的点，并追加到列表中
        OD.AddRange(lst,GH_Path(i)) # 将列表追加到路径名为 i 的字典中
    else: # 索引值为奇数时的情况
        lst.append(rs.CurveEndPoint(PList[i])) # 提取折线结束端的点，并追加到列表中
        for m in revepara:# 循环遍历数据列表 revepara
            lst.append(rs.EvaluateCurve(PList[i],domain[1]*m)) # 提取点并追加到列表中
        lst.append(rs.CurveStartPoint(PList[i])) # 提取折线开始端的点，并追加到列表中
        lst.reverse() # 反转列表
        OD.AddRange(lst,GH_Path(i))
```

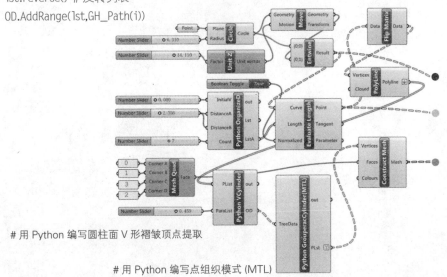

用 Python 编写圆柱面 V 形褶皱顶点提取

用 Python 编写点组织模式 (MTL)

2 力对象与解算的几何对象

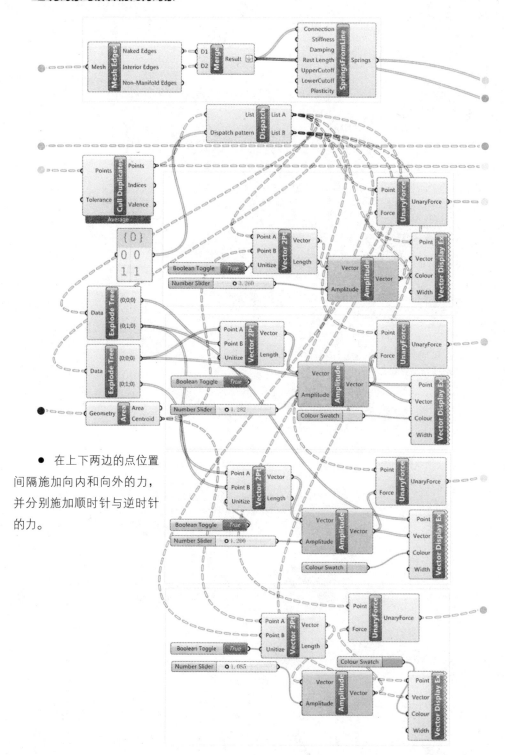

● 在上下两边的点位置间隔施加向内和向外的力,并分别施加顺时针与逆时针的力。

3 解算与几何对象的输出

● 输出折叠的"纸",折痕与边线以及用于标示力方向的点。

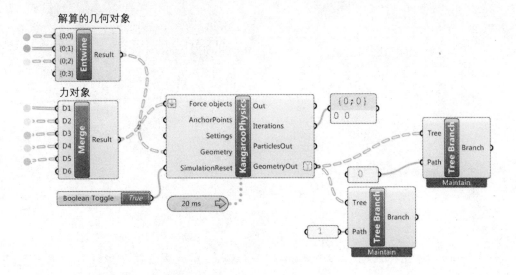

解算的几何对象

力对象

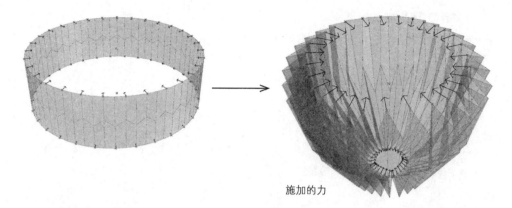

施加的力

3.1 构建具有折痕的"纸"

● 基本的"纸"构建的逻辑并不改变，只是调整参数的大小和施加力对象的变化，将上下边点位置相错，并施加向内的力。

\# 用 Python 编写数据列表，参看基础褶皱 / 刀片褶皱程序编写说明
\# 用 Python 编写点组织模式 (MTL)，参看聚集褶皱 / 手风琴褶皱
\# 用 Python 编写圆柱面 V 形褶皱顶点提取，参看 V 形褶皱 / 圆柱体 V 形

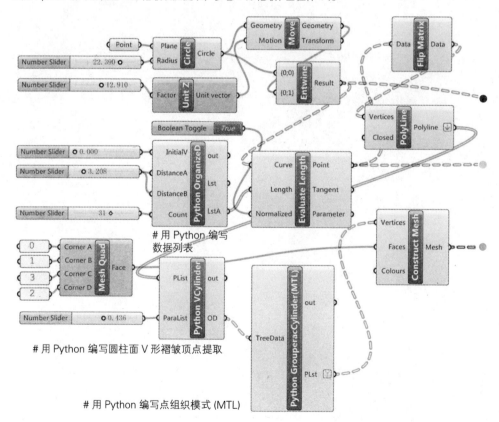

\# 用 Python 编写
数据列表

\# 用 Python 编写圆柱面 V 形褶皱顶点提取

\# 用 Python 编写点组织模式 (MTL)

3.2 力对象与解算的几何对象 +3.3 解算与几何对象的输出

#2– 力对象与解算的几何对象

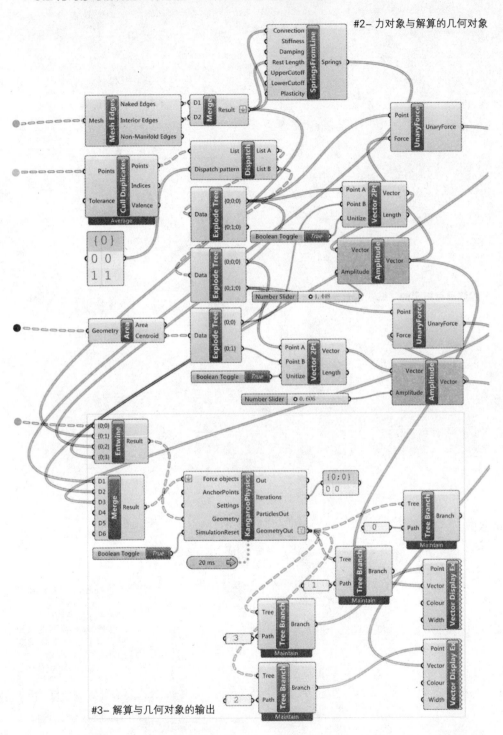

#3– 解算与几何对象的输出

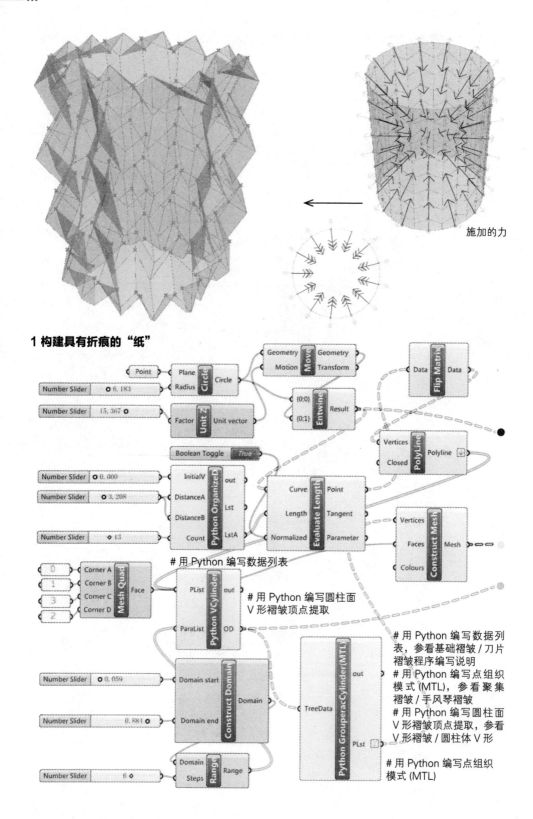

1 构建具有折痕的"纸"

施加的力

用 Python 编写数据列表

用 Python 编写圆柱面
V 形褶皱顶点提取

用 Python 编写数据列
表，参看基础褶皱 / 刀片
褶皱程序编写说明

用 Python 编写点组织
模式 (MTL)，参看聚集
褶皱 / 手风琴褶皱

用 Python 编写圆柱面
V 形褶皱顶点提取，参看
V 形褶皱 / 圆柱体 V 形

用 Python 编写点组织
模式 (MTL)

2 力对象与解算的几何对象

● 将用 Python 编写圆柱面 V 形褶皱顶点提取的输入端 ParaList 参数调整为 0~1 区间的
数列，构建多层的 V 形折痕。对 V 形折痕间隔施加向外和向内的力。

用 Python 编写树型数据模式分组，参看螺旋褶皱 / 盒形螺旋

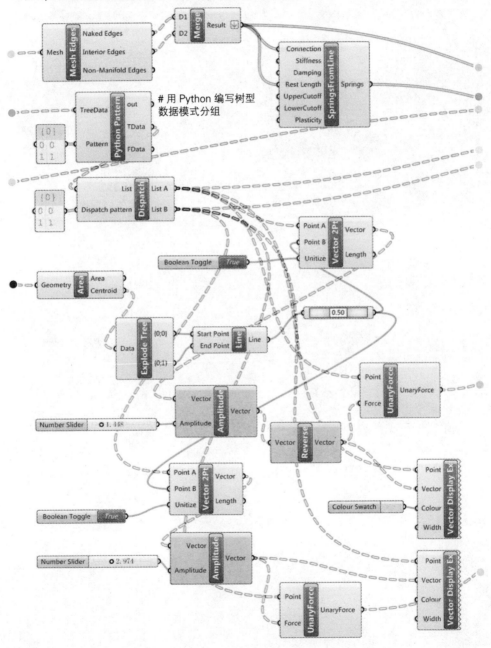

3 解算与几何对象的输出

- 输出折叠的"纸"，折痕与边线以及用于标示力方向的点。

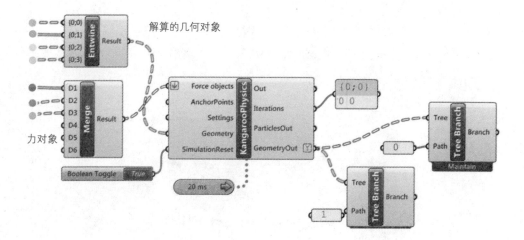

解算的几何对象

力对象

6

Arch and Parabola
拱形与抛物线形

"大多数折叠的拱形看上去都是'简单的曲线',因为它只在一个方位弯曲,就像一个圆柱体。折叠的抛物线形则是一个'复杂的曲线',它在两个方位弯曲,就像一个球体。碗形则不那么像折纸模型,更像是地形表面的褶皱。"

——《从平面到立体——设计师必备的折叠技巧》

建筑师研究折叠的目的并不是为了获取手工纸制折叠的模型,而是如何以折叠的这一种逻辑构建过程,创造出丰富的建筑空间或者表皮艺术,最终的目的是实际的建造。因此折叠过程的研究更多地倾斜于如何结合实际的设计,而不是单纯的形式玩味,事实上折叠的过程本身就具有建筑的意味。

1 拱形

拱形的研究中包括 X 形拱和 V 形,这些由三角面折叠出的形式因为本身牢固的结构形态使得整个折叠结构具有较好的强度。

1.1 X 形拱

X 形状的基本图式,沿两边挤压出一个拱形的同时,根据谷形和峰形折痕构建出由各个三角面凹凸的折叠形式。

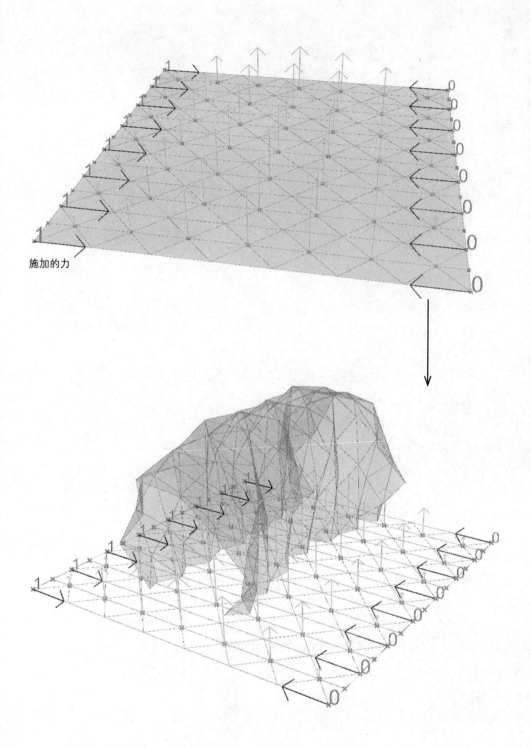

施加的力

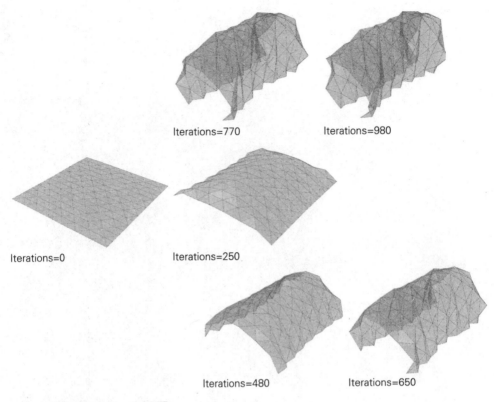

Iterations=770   Iterations=980

Iterations=0   Iterations=250

Iterations=480   Iterations=650

1 构建具有折痕的"纸"

● 借助 LunchBox 的扩展组件构建 X 形格网。LunchBox 可以从 Grasshopper 的官方网站免费获取，同时提供的不同格网形式，可以用于折叠变化的研究。

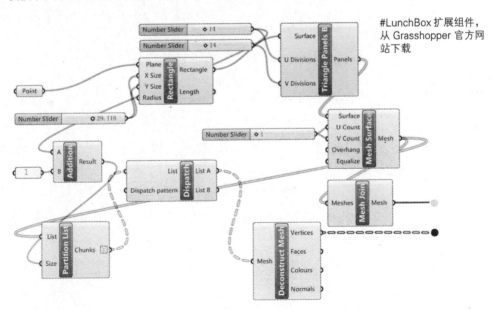

#LunchBox 扩展组件，从 Grasshopper 官方网站下载

2 力对象与解算的几何对象

● 施加两边点位置的吸引力挤压出拱形，同时按照 Parabola 函数变化施加向上的力，中间点位置受到的力最大，向两边逐渐减小。函数变化的种类很多，可以是正弦函数、幂函数等，可以变化出更多根据函数变化的折叠形式。

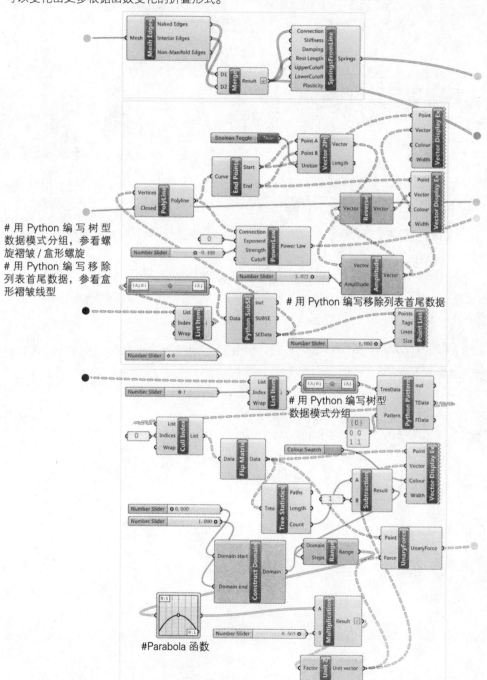

用 Python 编写树型数据模式分组，参看螺旋褶皱 / 盒形螺旋
用 Python 编写移除列表首尾数据，参看盒形褶皱线型

用 Python 编写移除列表首尾数据

用 Python 编写树型数据模式分组

#Parabola 函数

3 解算与几何对象的输出

● 输出折叠的"纸",折痕与边线以及用于标示力方向的点。

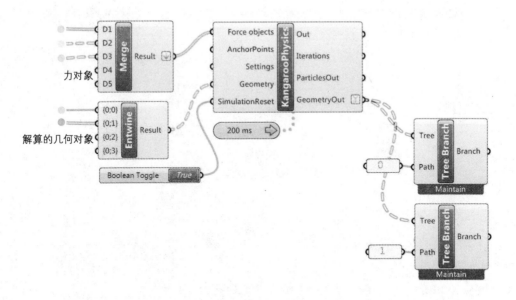

1.2 V形拱

V形拱来自于V形褶皱,调整横向折痕的变化并施加挤压为拱形的吸引力,并约束两边的点位置在XY参考平面。

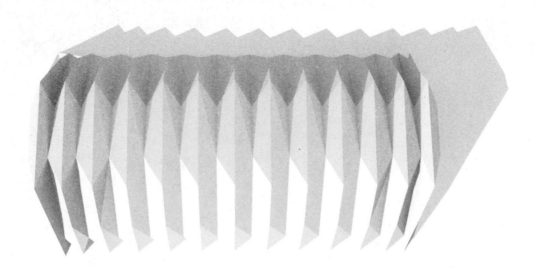

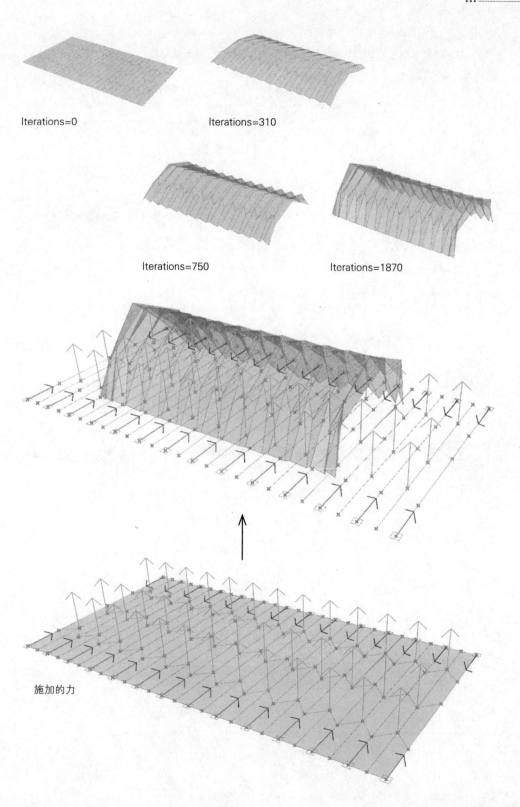

Iterations=0

Iterations=310

Iterations=750

Iterations=1870

施加的力

1 构建具有折痕的"纸"

● 在竖向折痕上提取横向折痕的点，调整原"用 Python 编写圆柱体 V 形褶皱顶点提取"
的程序，实现每一横向折痕相对重复。

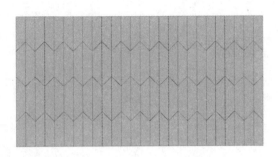

\# 用 Python 编写数据列表，参看基础褶皱 / 刀片褶皱程序编写说明
\# 用 Python 编写点组织模式 (MTL)，参看聚集褶皱 / 手风琴褶皱

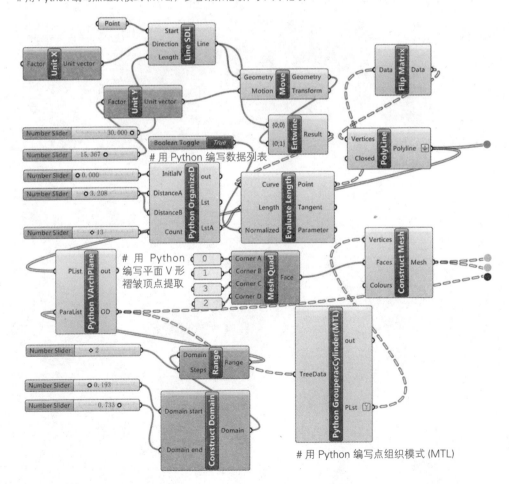

```python
# 用 Python 编写平面 V 形褶皱顶点提取，同时参看 V 形褶皱 / 圆柱体 V 形
import Rhino # 调入模块 Rhino
import rhinoscriptsyntax as rs # 调入模块 rhinoscriptsyntax 并定义别名为 rs
from Grasshopper import DataTree # 调入类 DataTree
from Grasshopper.Kernel.Data import GH_Path # 调入函数 GH_Path
OD=DataTree[Rhino.Geometry.Point3d]() # 建立空的字典
paralst=[float(a) for a in ParaList] # 将列表字符串转换为浮点数
revepara=[] # 建立空的列表
for i in paralst: # 循环遍历数据列表
    revepara.append(1-i) # 计算 1-i 的值并追加到空列表中
revepara.reverse() # 反转列表
for i in range(len(PList)): # 循环遍历折线列表
    lst=[] # 建立空的列表，用于放置每次循环提取的点
    if i%2==0: # 判断索引值为偶数时
        lst.append(rs.CurveStartPoint(PList[i])) # 提取折线开始端的点，并追加到列表中
        for m in range(len(paralst)): # 循环遍历数据列表 paralst
            if m%2==0: # 判断索引值为偶数时
                lst.append(rs.EvaluateCurve(PList[i],paralst[m])) # 提取点并追加到列表中
            else: # 判断索引值为奇数时
                lst.append(rs.EvaluateCurve(PList[i],revepara[m])) # 提取点并追加到列表中
        lst.append(rs.CurveEndPoint(PList[i])) # 提取折线结束端的点，并追加到列表中
        OD.AddRange(lst,GH_Path(i)) # 将列表追加到路径名为 i 的字典中
    else: # 索引值为奇数时的情况
        lst.append(rs.CurveStartPoint(PList[i])) # 提取折线开始端的点，并追加到列表中
        for m in range(len(revepara)): # 循环遍历数据列表 revepara
            if m%2==0: # 判断索引值为偶数时
                lst.append(rs.EvaluateCurve(PList[i],revepara[m])) # 提取点并追加到列表中
            else: # 判断索引值为奇数时
                lst.append(rs.EvaluateCurve(PList[i],paralst[m])) # 提取点并追加到列表中
        lst.append(rs.CurveEndPoint(PList[i])) # 提取折线结束端的点，并追加到列表中
        OD.AddRange(lst,GH_Path(i)) # 将列表追加到路径名为 i 的字典中
```

2 力对象与解算的几何对象 +3 解算与几何对象的输出

#2– 力对象与解
算的几何对象

用 Python 编写移除列表首尾数据

用 Python 编写移
除列表首尾数据，
参看盒形褶皱线型

#3– 解算与几何对象的输出

解算的几何对象

力对象

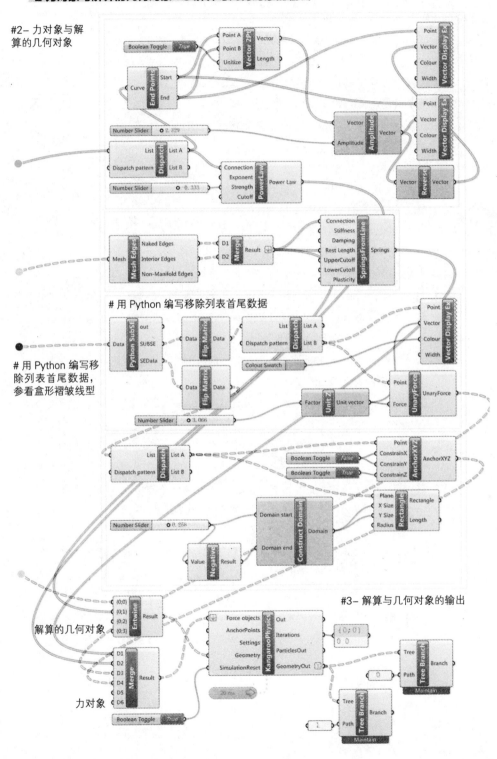

#4- 调整 Python VArchPlane 输入参数 ParaList

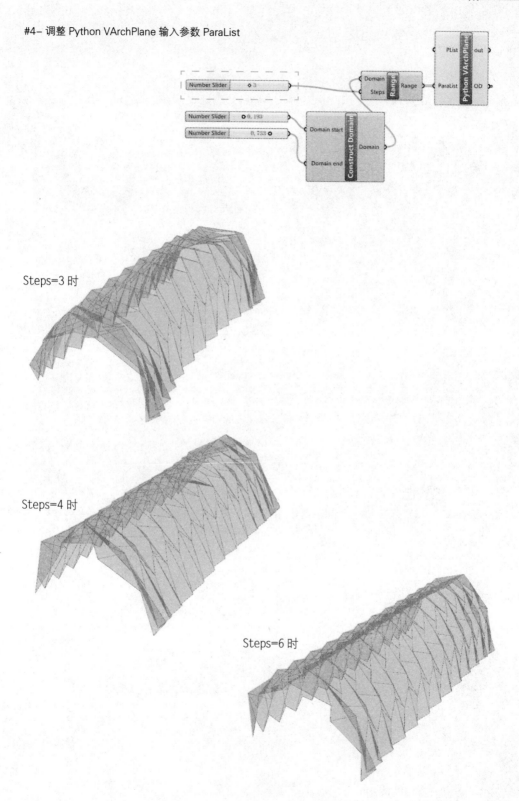

Steps=3 时

Steps=4 时

Steps=6 时

Steps=9，Count=44 时

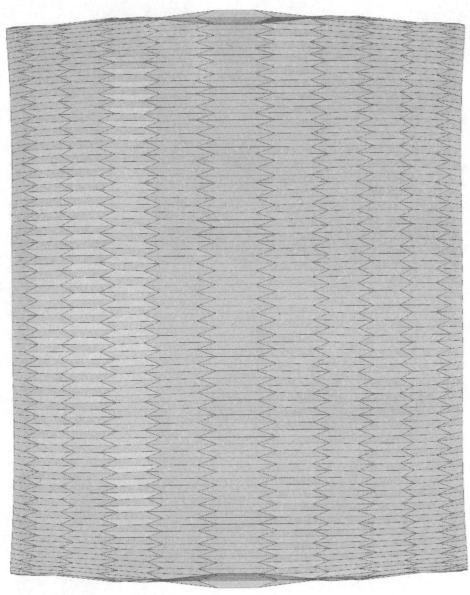

② 抛物线

在纸折叠的过程中施加对角相反的力，能够弯曲成类似抛物线的形式，抛物线本身曲线优美，使得折叠的形式充满张力。在模拟的过程中，借助图形函数构建有韵律的力变化。

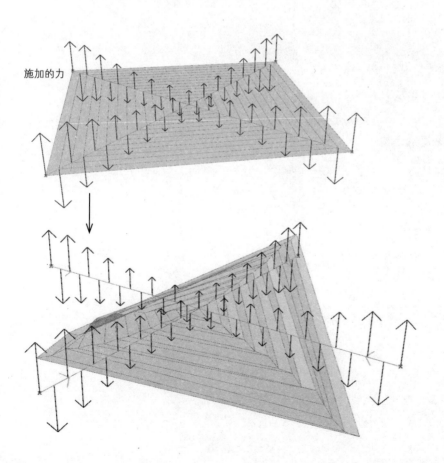

施加的力

1 构建具有折痕的"纸"

● 按照轴心旋转直线，借助"用 Python 编写数据列表"提取旋转直线的点，"用 Python 编写点组织模式 (MTL)"组织构建格网输入端的顶点数据。

\# 用 Python 编写数据列表，参看基础褶皱 / 刀片褶皱程序编写说明
\# 用 Python 编写点组织模式 (MTL)，参看聚集褶皱 / 手风琴褶皱

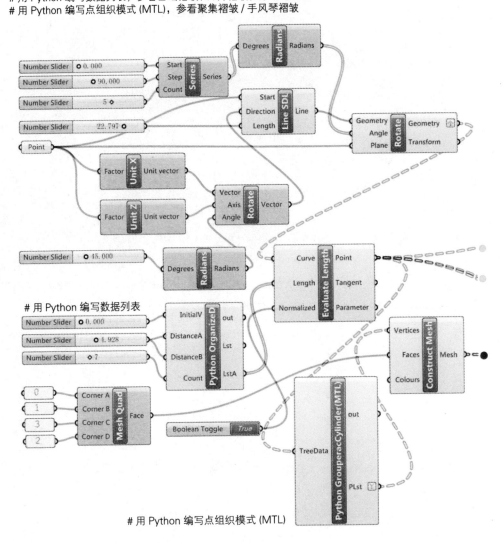

\# 用 Python 编写数据列表

\# 用 Python 编写点组织模式 (MTL)

2 力对象与解算的几何对象

施加 PowerLaw 吸引力

施加 Spring 弹力

施加向上 Parabola 函数变化
的 Unary 的一元力

#Parabola 函数

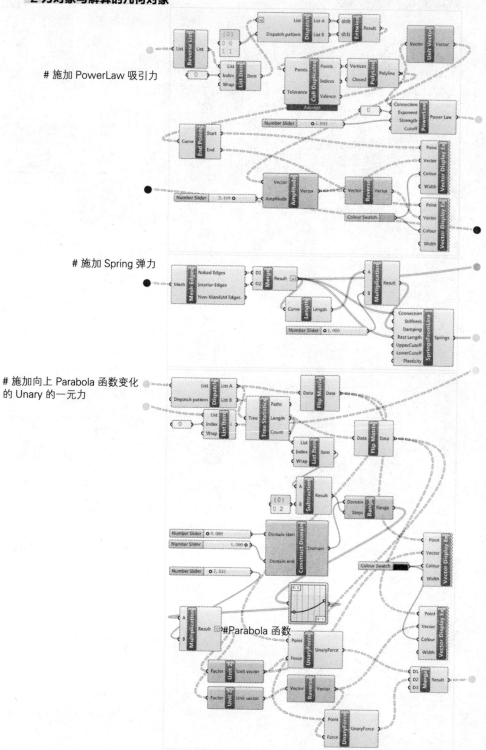

3 解算与几何对象的输出

● 输出折叠的"纸",折痕与边线以及用于标示力方向的点。

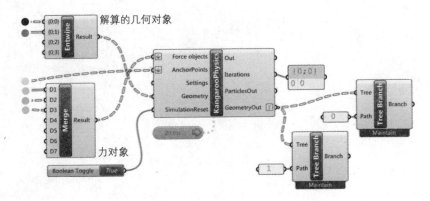

解算的几何对象

力对象

No Crease or a Crease
无折缝或一条折痕

7

　　"虽然折叠次数的增加能够大大提升折叠形式变化的可能性，但是如果没有折缝或者仅有一条折痕，同样能够创造出少却富有意味的折叠形式。"

　　　　　　　　　　　　　　　　　　——《从平面到立体——设计师必备的折叠技巧》

　　模拟没有折缝或者只有一条折痕的折叠过程，需要把"纸"看作具有弹性的格网，在施加力的作用下能够发生趋向于预计设计的形式结果。

1 无折缝

　　将"纸"进行细分为 UV 方向上多个单元，针对格网点位置施加力，因为格网的细分使"纸"具有真实纸张的韧性和张力。

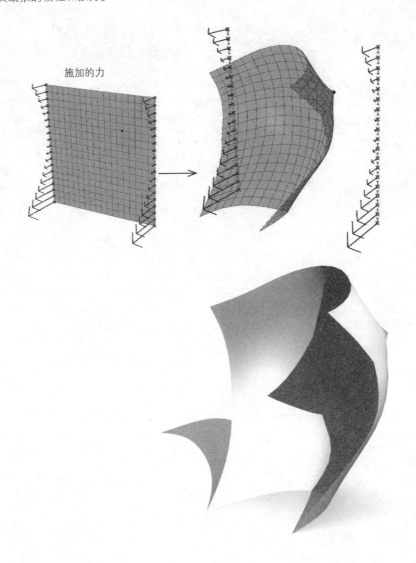

施加的力

1 构建具有折痕的"纸"+2 力对象与解算的几何对象

用 Python 编写移除列表首尾
数据，参看盒形褶皱线型

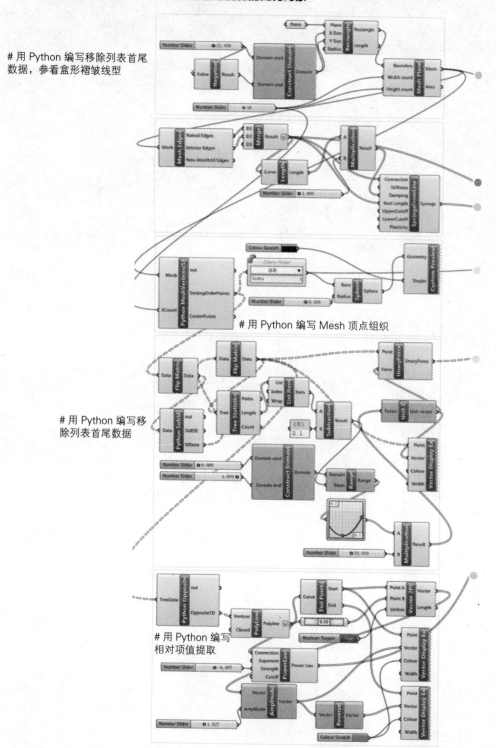

用 Python 编写 Mesh 顶点组织

用 Python 编写移
除列表首尾数据

用 Python 编写
相对项值提取

```
# 用 Python 编写 Mesh 顶点组织
import Rhino # 调入模块 Rhino
import rhinoscriptsyntax as rs # 调入模块 rhinoscriptsyntax 并定义别名为 rs
from Grasshopper import DataTree # 调入类 DataTree
from Grasshopper.Kernel.Data import GH_Path # 调入函数 GH_Path
from itertools import izip_longest # 调入迭代模块的 izip_longest 函数
mesh=Mesh # 将输入端 Mesh 赋值给新的变量
xcount=int(XCount) # 转化输入端 XCount 数值为整数并赋值给新的变量
mfc=rs.MeshFaceCount(mesh) # 返回格网单元面的数量
ycount=int(mfc/xcount) # 计算 Y 方向上单元面的数量
SOP=DataTree[Rhino.Geometry.Point3d]() # 建立空的字典
CP=DataTree[Rhino.Geometry.Point3d]() # 建立空的字典
MVertices=rs.MeshVertices(mesh) # 返回格网的顶点
def grouper(n, iterable, fillvalue=None): # 定义列表等分函数
    args =[iter(iterable)] * n
    return izip_longest(fillvalue=fillvalue, *args)
mv=list(grouper(xcount+1,MVertices)) # 执行函数 grouper 并转换为列表
for i in range(xcount+1): # 循环顶点列表
    SOP.AddRange(mv[i],GH_Path(i)) # 追加顶点子列表，路径名为 i
SortingOrderPoints=SOP # 将顶点组织的数据字典赋值给输出端变量
centerp=rs.MeshFaceCenters(mesh) # 提取各个单元的几何中心点
cplst=list(grouper(xcount,centerp)) # 执行函数 grouper 并转换为列表
for i in range(xcount): # 循环单元中心点列表
    CP.AddRange(cplst[i],GH_Path(i)) # 追加单元中心点列表，路径名为 i
CenterPoints=CP # 将单元中心点的数据字典赋值给输出端变量
# 用 Python 编写相对项值提取
import Rhino # 调入模块 Rhino
import math # 调入模块 math
import rhinoscriptsyntax as rs # 调入模块 rhinoscriptsyntax 并定义别名为 rs
from Grasshopper import DataTree # 调入类 DataTree
from Grasshopper.Kernel.Data import GH_Path # 调入函数 GH_Path
OTD=DataTree[Rhino.Geometry.GeometryBase]() # 建立空的字典
tdlst=TreeData.Branches # 将所有路径分支下的项值放置于各自的子列表下后放置于父级列
表之下
bc=td.BranchCount # 统计所有路径分支的数量
for i in range(bc): # 循环遍历字典路径
    t=tdlst[i] # 提取索引值为 i 的路径下所有数据
    length=len(t) # 计算子列表的长度
    lengthhalf=int(math.floor(length/2)) # 子列表长度的一半
    for m in range(lengthhalf): # 循环遍历子列表
        lst=[] # 建立空的字典
        lst.append(t[m]) # 追加索引值为 m 时的项值到列表
```

lst.append(t[length-m-1]) # 追加索引值为 length-m-1 的项值到列表

    OTD.AddRange(lst,GH_Path(i,m)) # 追加列表到字典，路径名为 {i;m}

OppositeTD=OTD # 将相对项值提取的字典数据赋值给输出端变量

3 解算与几何对象的输出

● 输出折叠的"纸"，折痕与边线以及用于标示力方向的点。

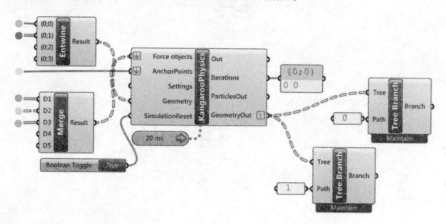

2 一条折痕（折缝）

    沿着格网的方向增加锚点，使之为一条或者多条直线，在施加力的作用下锚点的位置成为折痕，或者对于施加锚点的位置改为某一种力也会成为折痕的形态，程序直接使用无折缝的程序，这里不再赘述。

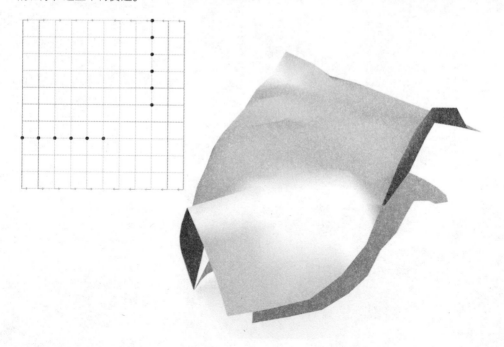

施加的力

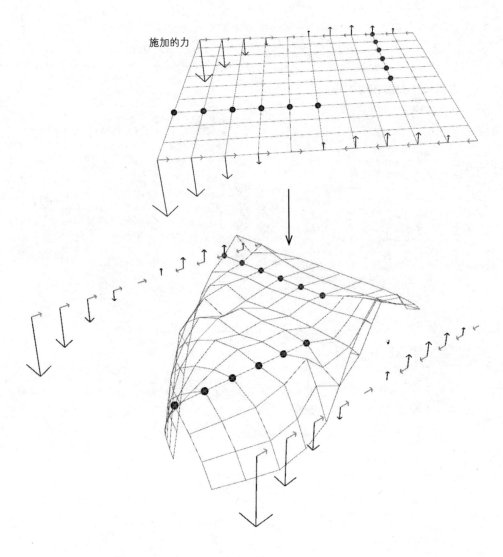

8

**Design Method
Exploration Based
on Dynamic**

基于动力学设计方法探索

虽然本书研究的内容是使用动力学的方法实现折叠的过程，但是 Kangaroo 扩展模块可以帮助设计者解决诸多设计问题。在以下内容阐述中，有针对性地结合相关设计问题给出部分应用方法。可以从 Kangaroo 官方下载系统的案例文件，通过对于案例文件的学习，能够很快掌握 Kangaroo 组件的使用方法和解决问题的方式。

在第一部分根据官方折叠案例给出表述，可以对比不同思维逻辑求解的过程；第二部分阐述索膜结构的动力学解决策略，利用参数控制下的找形，从基本索膜结构编写到综合运用的方法探索设计形式；第三部分初步探索无限周期极小曲面 IPMS(infinite periodic minimal surface)，是研究几何形式变化的重要部分；第四部分探索膜的展平问题，例举了 Kangaroo 自身提供的 Unroller 组件使用的方法，同时提供了 Python 编写展平的程序，能够更深入展平问题，解决 Unroller 目前无法解决的一部分 Mesh 展平问题。

Kangaroo 官方案例中包含本部分未阐述的问题，例如风、碰撞、传动装置、圆的装填、弯曲、悬链等，可以根据设计的目的自行研究，不再赘述。

1 基于 Kangaroo 官方折叠案例

A

折叠过程的建立，需要构建具有折痕的"纸"、施加力以及解算的过程，建立官方案例中未给出的 Mesh 构建程序。因为折痕的特殊性，首先建立格网，再寻找斜"十"字几何中心点的规律构建"十"字，将各个分线段对应到各个格网中，使用组件 Weaverbird's Mesh From Lines (Weave Back) 组件重新建立 Mesh 格网获取基本折痕。

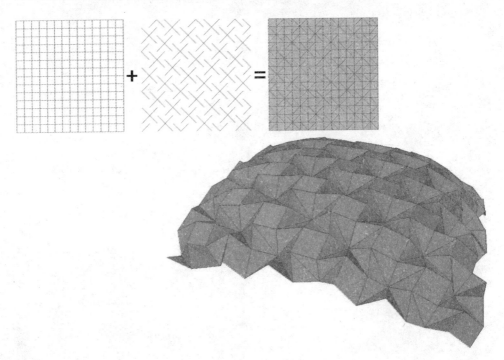

1 构建具有折痕的"纸"

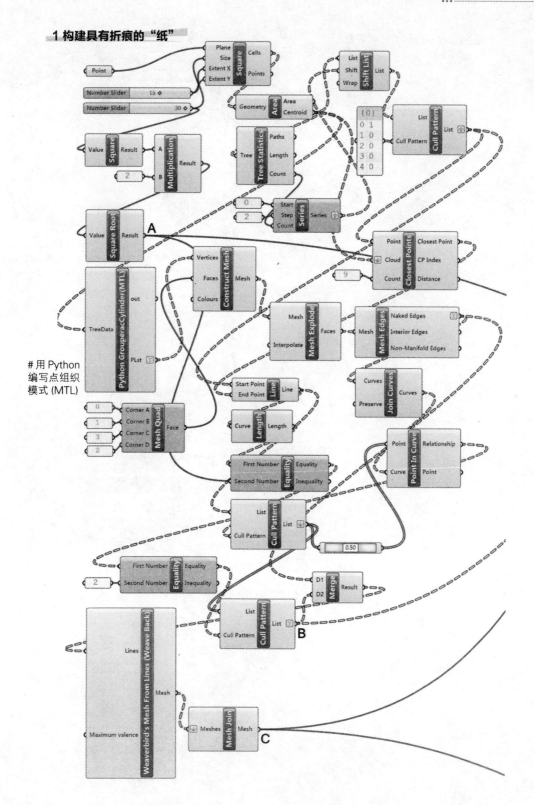

用 Python
编写点组织
模式 (MTL)

2 力对象与解算的几何对象

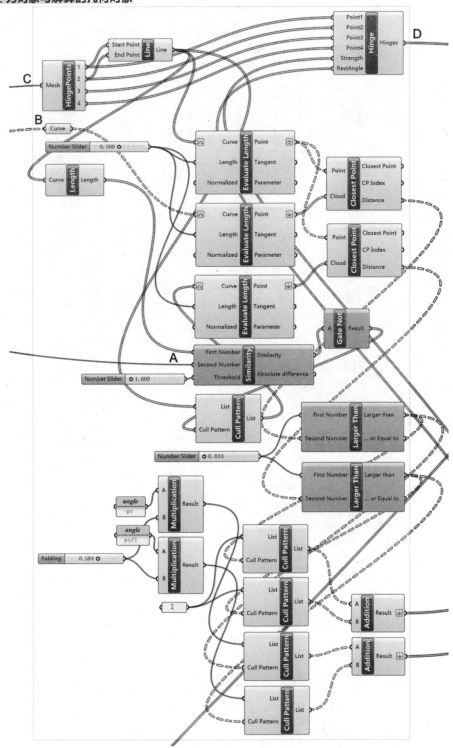

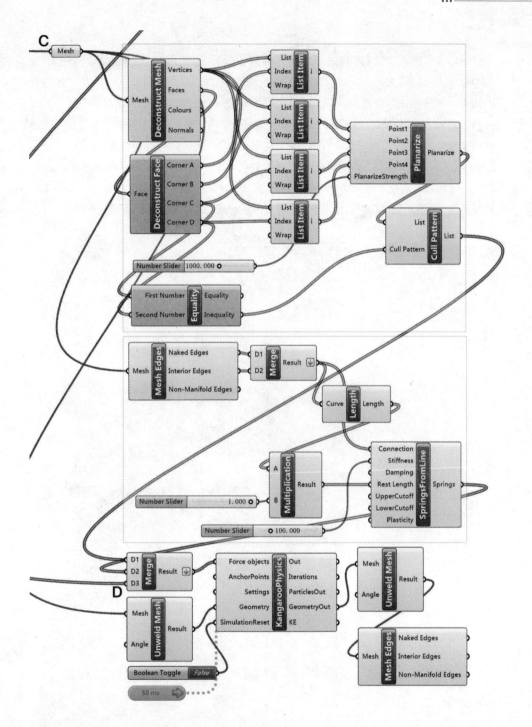

3 解算与几何对象的输出

● 官方案例中对于折叠的过程配合使用组件 Hinge 和 Planarize，SpringsFromLine 建立力的关系，实现折叠的过程。

B

    Kangaroo 官方提供的折叠案例 B 与 A 类似，仍然是使用组件 Hinge 和 Planarize，SpringsFromLine 建立力的关系，实现折叠的过程。但是因为案例没有提供建立基本 Mesh 类型"纸"折痕的程序，需要编写补充。因为折痕的特殊性，Mesh 的建立过程有些复杂，首先找到行列之间点的关系，根据最终各个单个三角形的点位置关系建立树型数据结构，使用 Delaunay Mesh 建立 Mesh 面获取几何中心点，再建立由几何中心到各自 6 个点的连线，并使用 Weaverbird's Mesh From Lines (Weave Back) 再次建立 Mesh 面。此时各个三角形的 Mesh 之间存在空隙，根据所有点建立整个 Mesh，并移除已有 Mesh 部分，合并后成为一个 Mesh 面。案例部分提供建立具有折痕"纸"的过程仅为一种建立的思路，可以自行尝试更多的方法。

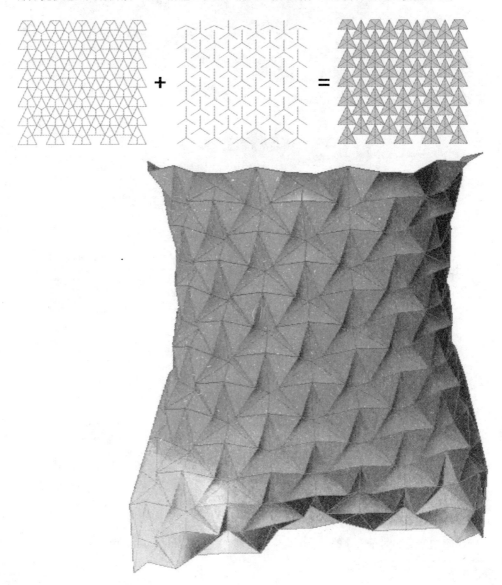

1 构建具有折痕的"纸"

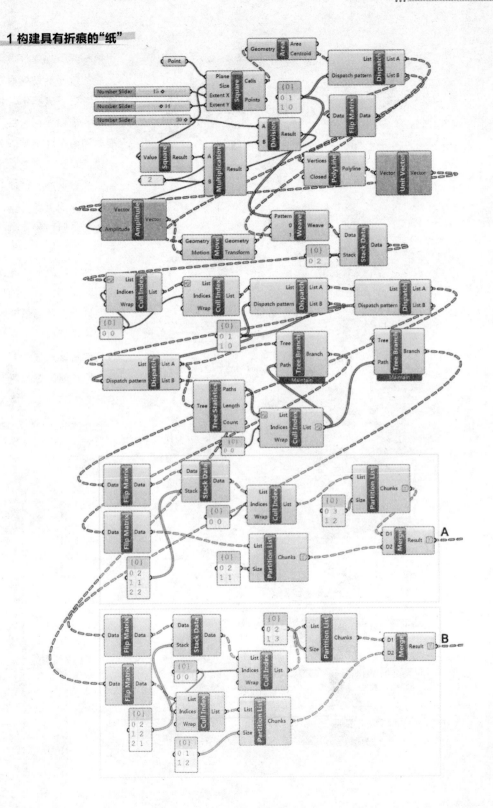

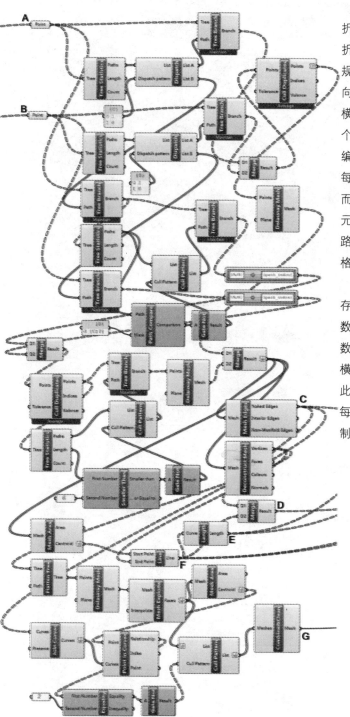

一般具有折痕的"纸"，折痕都具有规律性，编写折痕的过程就是编写它的规律。对于该案例，延横向寻找规律变化，每三个横向即两个区间可以为一个模式单元，以此类推。编写的重点就是如何复制每个横向的点并分组，从而能够将对应构建每个单元三角形的点放置于一个路径之下，用于构建 Mesh 格网。

每个三角形单元的点存在很多重合，重合的次数也就是该点被复制的次数。同时因为需要每两个横向划分为一个区间，因此除了数据首尾的点列表，每个横向的点列表均被复制一次。

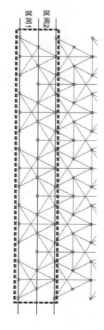

2 力对象与解算的几何对象 +3 解算与几何对象的输出

在施加 Hinge 力时，输入端 RestAngle 项可以指定折叠的角度，规律施加向上和向下的角度达到折叠的目的。因为可以根据指定向上和向下的 Mesh 边线以及给定的角度和 Mesh 面，结合 Hinge 和 Planarize，SpringsFromLine 建立力的关系，具有一般性，因此可以将其封装在一个组件 Origami 中方便用于其他程序编写。

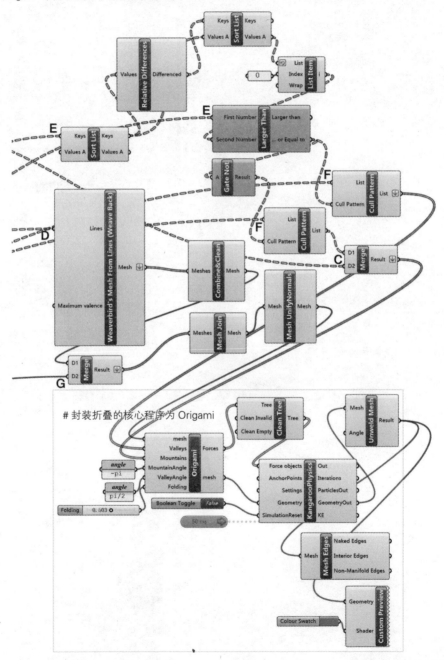

封装折叠的核心程序为 Origami

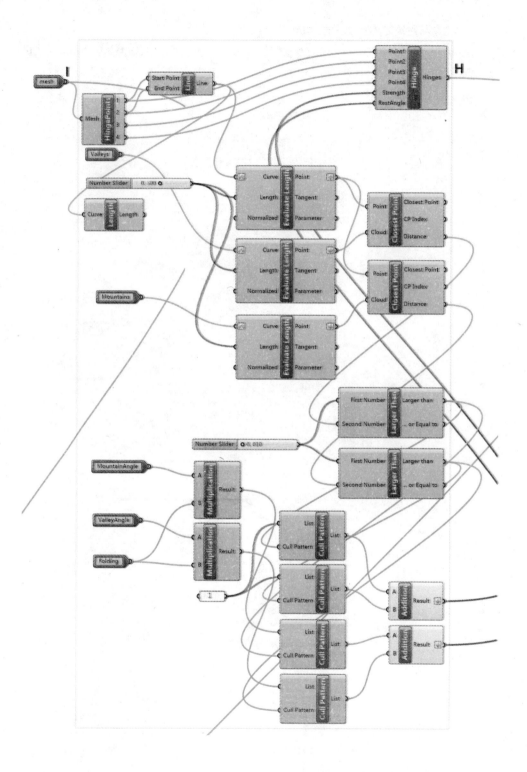

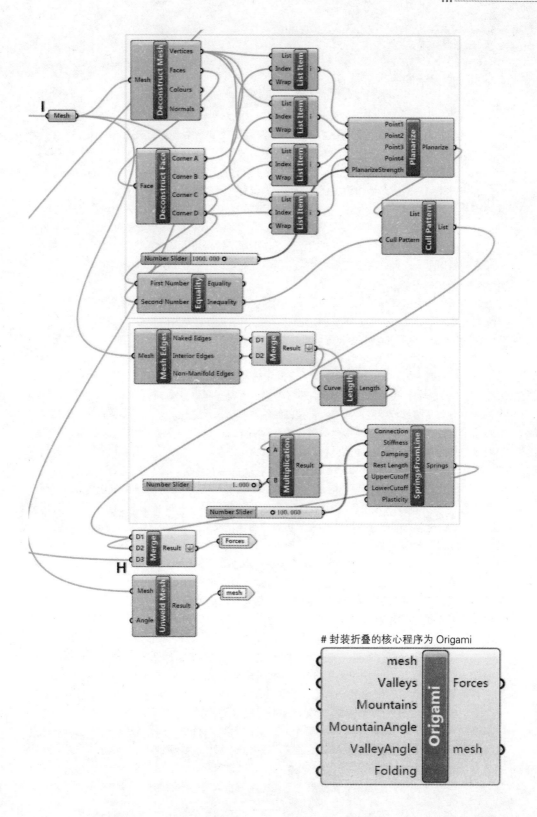

封装折叠的核心程序为 Origami

2 索膜结构

2.1 关于索膜结构

膜结构的出现为设计者提供了一种设计的方式，这种设计方式既包括设计形式的变化，也包括找形的方法以及建构的方式。膜结构是古老的建筑结构形式，在远古时代，祖先们为了寻找栖身之所，就为自己支撑起兽皮做的帐篷。最早具有现代意义的膜结构是充气膜结构，分为气承式膜结构和气胀式膜结构。气承式膜结构是向气密性好的膜材所覆盖的空间注入空气，利用内外空气的压力差给膜以张力，使结构具有一定的刚度承受外部荷载；气胀式膜结构是将膜材料本身做成一个封闭体，在其中注入高压力的空气使膜材产生张力，膜的张力和内压共同承载外荷载。充气膜结构代表的建筑有 Murata 和 Kawaguchi 设计的富士馆等。虽然充气膜重量轻且建构简单，但是需要有空压机设备不断地输入超压气体并进行安全性维护管理，建设后期费用高；而且融雪热气系统和空气压力控制系统性能不稳定且寿命有限。

张拉膜结构是依靠膜的张力与支撑杆和拉索共同作用构成的结构体系。张拉膜结构体系的基本组成单元为支撑柱、张拉索和覆盖的膜材。从拓扑关系来看，索主要为分布在膜边缘的边索及脊线和谷线处的脊索和谷索。张拉膜结构中的膜材得到充分的张拉，是主要的承力单元。20 世纪 50 年代 Frei Otto 首先将聚酯纤维织物作为基材，面层复合聚氯乙烯树脂类材料，制造出工程膜材，并创造性地应用"皂泡理论"模拟膜的表面张力，对膜结构进行受力分析和设计。到 80 年代，膜结构从单一的充气膜结构向薄膜与索、刚性桁架、桅杆和拱等多种复合结构形式发展，新的膜材料也不断实验出现，例如沙特利雅得国际体育场。

骨架支撑式膜结构以刚性支撑为骨架的结构，面材采用膜材，充分发挥不同材料的特性。以平板网架或曲面网架作为支撑骨架形成的骨架支撑式膜结构，应用已经成熟的网架、网壳设计技术，而结构的构造也相对简单，但是因为其特定的条件，造型受到限制。中国香港大球场是 1994 年 HOK 事务所设计的骨架支撑式膜结构，能容纳 4000 位观众，纵向 240 米跨度，顶部标高 55 米的拱形骨架支撑屋顶的前沿，两个屋顶各外包 5 块涂敷聚四氟乙烯的玻璃纤维膜材，每块 1600 平方米的膜材，跨 3 组桁架。这些膜材四边都压紧，中间部分并没有机械固定在桁架顶部，而是在桁架之间用一直径为 80 毫米的谷索压住。膜本身加有 5100 牛的双向预张力。

索穹顶是膜结构的一个飞跃，早在 1962 年，德国 R.B.Fuller 首先提出"张拉整体 (Tensegrity)"的概念，以连续的受拉钢索为主，以不连续的压杆为辅，组成一种有效的自平衡结构体系。这种结构压杆较少，使压力成为张力海洋中的孤岛，能极大限度地利用结构材料特性，实现以尽量少的材料建造跨度更大的空间。Geiger 创造性地把这个概念运用到索、膜与压杆组成的索穹顶设计上，使受拉环索与斜拉索将力传到周围的圈梁上。位于伦敦东部泰晤士河畔格林威治半岛上的千年穹顶，穹顶直径 320 米，周圈大于 1000 米，有 12 根穿出屋面高达 100 米的桅杆，屋盖采用圆球形的张力膜结构。膜面支撑在 72 根辐射状的钢索上，这些钢索通过距离 25 米的斜拉吊索与系索为桅杆所支撑，吊索与系索同时对桅杆起稳定作用。

索膜结构集建筑、结构力学、精细化工与材料科学、计算机技术等为一体，具有较高技术含量，能够自由塑造建筑形体。因为膜结构的屋面种类轻，也有较高的经济效益，膜本身也具有一定的透光率，因此能够建立较大的跨度。伴随膜材料的发展，由 PTFE 涂层和玻璃纤维复合而成的特氟隆膜材，具有较高的强度、极强的不燃性和抗腐蚀能力，质量和刚度较小，抗震性能也很好。其他常用来制作膜结构的建筑用膜还有 PVC 膜材和 ETFE 膜材。

关于索膜结构部分的探索，更多参考毛国栋的博士论文《索膜结构设计方法研究》。

张拉膜结构的造型多样，主要以四种基本的曲面形式组合而成。

1. 鞍形曲面 (saddle)

鞍形曲面是膜结构曲面基本形式之一。鞍形曲面具有一条高斯曲率的双曲线，下凸曲线承受向下的荷载，上凸曲线承受向上的荷载。支撑边界可以是点支撑，也可以是空间斜拱或垂直的拱，同时可以采用脊索或谷索来加强膜面。

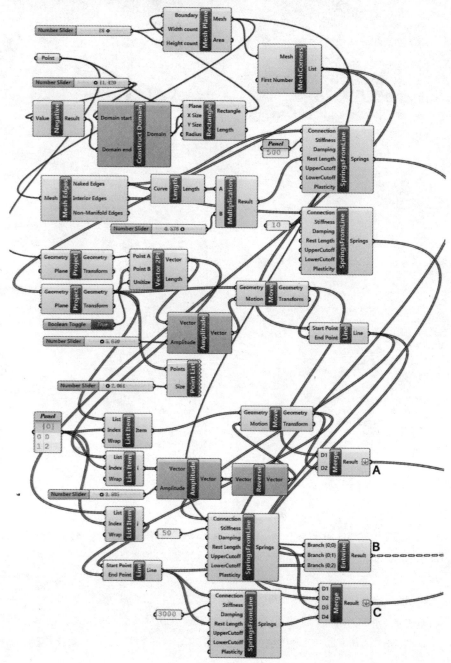

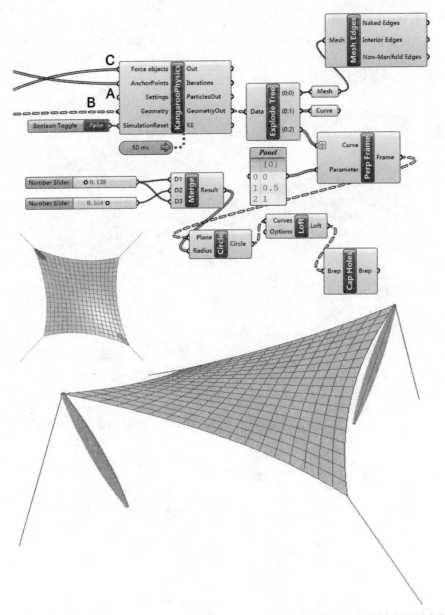

借助动力学组件 Kangaroo 建立索膜结构，实现设计阶段的找形，不仅能够为设计者提供最为直接的形式推敲手段，同时能够更加符合动力学膜结构松弛张拉的形式，有利于结构师进一步根据预张力的大小和分布情况，以及设计者最初的形式设想求解平衡曲面，增加专业间的配合，减少因为结构的不合理导致方案不得不调整的情况。

首先建立方形的 Mesh 格网，提取其边线和内部线，施加不同的弹力，边界的单元边线休止长度 Rest Length 调节适中，刚度较大。设置梭柱休止长度不变，刚度设置较大值，即保持形体不变。

2.波浪形曲面（wave）

波浪形曲面一般是在二维结构体系上张拉，该体系具有承重索、张拉索及索之间的联系索单元。如果承重索和张拉索是在平行的平面内，那么就可构成波浪形膜结构。

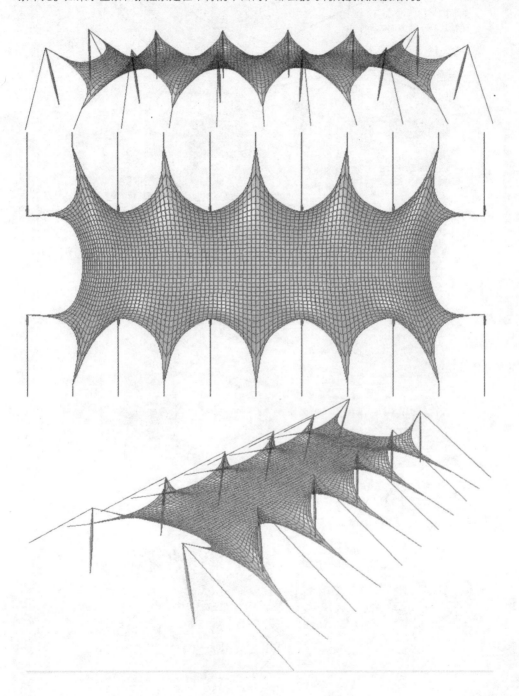

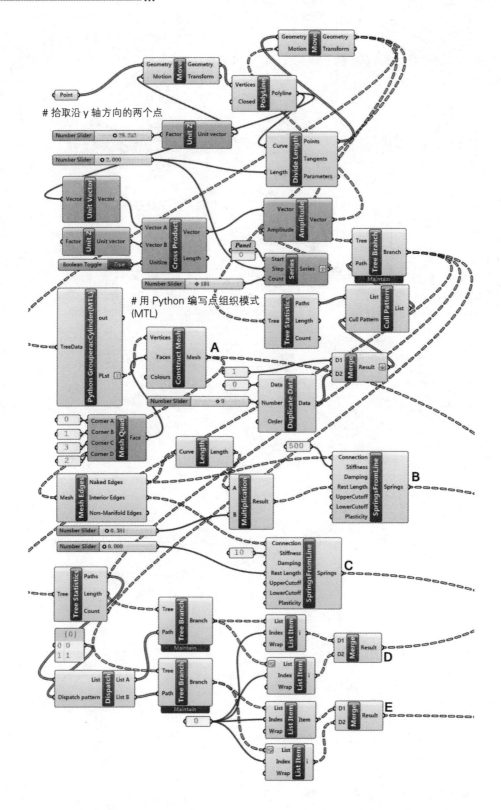

拾取沿 y 轴方向的两个点

用 Python 编写点组织模式 (MTL)

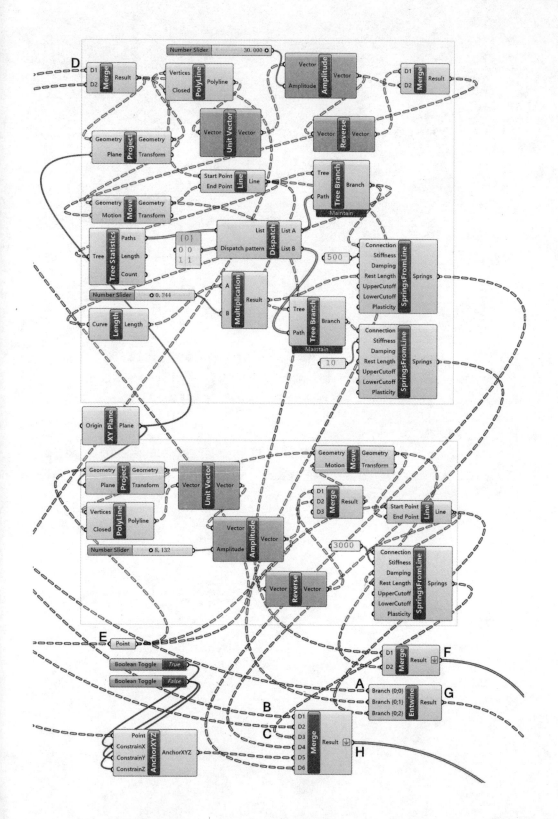

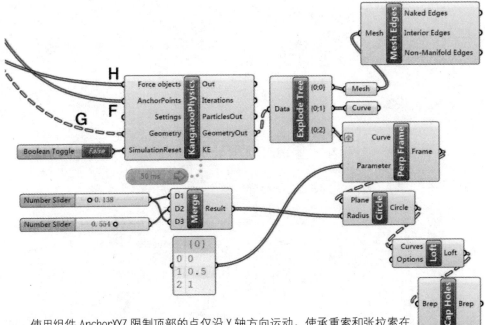

使用组件 AnchorXYZ 限制顶部的点仅沿 Y 轴方向运动，使承重索和张拉索在平行的平面内。可以实时调整 SpringsFromLine 各个组件输入端 Stiffness 刚度和 Rest Length 休止长度的参数，变化膜材料的形态达到不同参数下稳定的状态。

3. 拱支撑曲面 (arch)

该结构中的支撑拱可以是钢拱，也可是混凝土拱。拱支撑形膜结构中的拱也可以相对放置形成索桁架结构，两拱之间以少量压杆和钢索连接，增加拱的刚度，提高整体受力性能。覆盖于骨架上的膜结构，表面高斯曲率往往为 0 或大于 0。

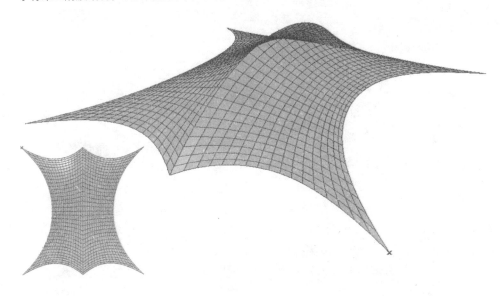

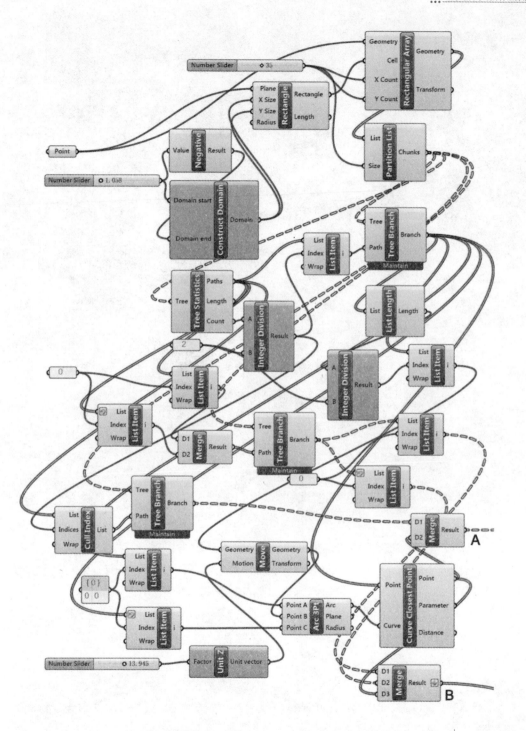

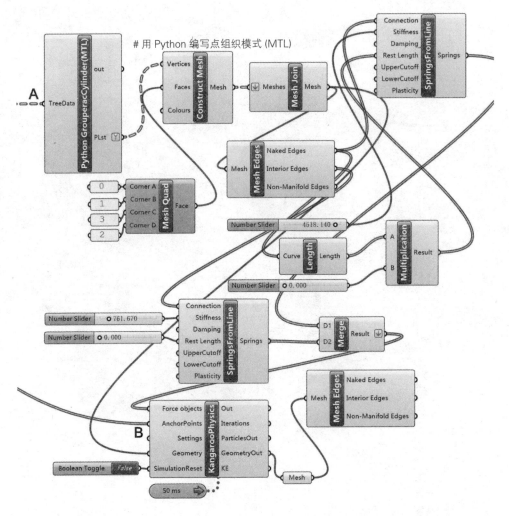

用 Python 编写点组织模式 (MTL)

膜材料需要支撑拱支撑，最初的想法仍然是建立矩形的 Mesh 格网再将其向下拉拽，将支撑拱设置为管状的 surface 曲面，使用组件 CollideSurf 与坠落的 Mesh 碰撞，但是模拟的结果更像是织物的坠落。因此调整了模拟的方式。在开始建立 Mesh 格网时，即纳入支撑拱的投影点作为 Mesh 部分，并固定 Mesh 的四点和支撑拱上的点，对 Mesh 的边线施加弹力，一般对 Mesh 周边和内部的单元边线指定不同的休止长度和刚度。

4. 锥形曲面 (highpoint)

锥形曲面有一个支撑点，该点在边界平面外，但在边界平面上的投影位于边界内。锥形膜面也具有负高斯曲率的双曲线，水平圆环承受由内至外的荷载。支撑点可以由曲面内或曲面外的抗压件支撑或以索悬挂。锥形膜面可以是倒置的伞状或普通伞状。

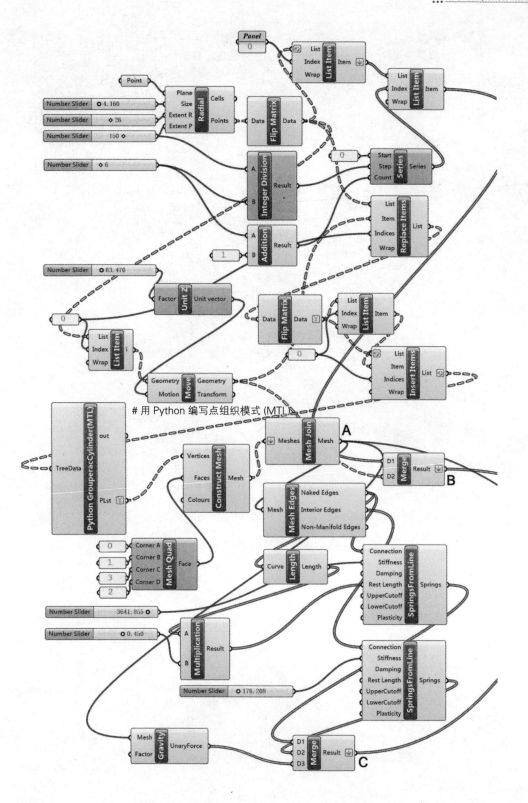

用 Python 编写点组织模式 (MTL)

　　锥形曲面与拱支撑曲面建立的方法类似，预先将中间控制栅格的点提升后再建立 Mesh 格网，调整 Mesh 边线的休止长度和刚度后进行解算，获取力平衡后的膜结构形式。

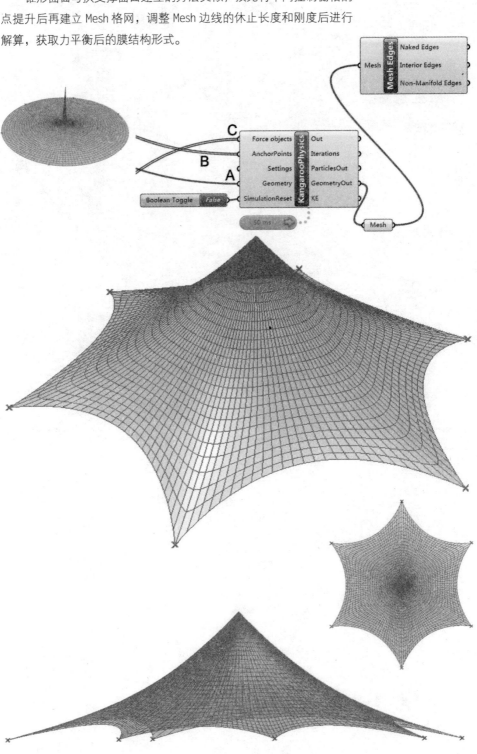

索膜结构的建筑设计和结构设计息息相关。结构师可以借助 ANSYS 或者美国 Birdair 公司的 MCM 找形及荷载分析设计软件，美国 Autometrix 公司的 PS 裁剪分析软件，美国计算机设计公司的 ACP 找形及荷载分析设计软件，德国 Technet 公司的 EASY 找形、荷载分析及裁剪分析设计软件等，分析制定结构设计方案，从找形、荷载分析到裁剪分析。建筑设计者如果依靠结构分析软件可以达到索膜结构设计的合理目的，但是三维模型推敲实时互动观察更有助于设计形式的寻找，进一步解放设计的束缚。Kangaroo 动力学模块有效地在参数化平台下帮助设计者找到了一种索膜结构设计的便捷方法，在结构尽可能合理的条件下，为设计的创造性带来延伸的机会。

对索膜结构和 Kangaroo 动力学模块有所理解之后，可以自由尝试不同膜形式和采取不同张拉和支撑方式下膜结构形式的寻找，以及比较不同动力参数下膜形式的变化。

2.2 索膜结构形式探索

A_ 花瓣

固定环索的高度和边索固定的位置，指定张拉索的拉伸点。梭柱通过中心点、环索上的点向外延伸并连接张拉索。为了方便控制脊索与拉伸点的关系，同时使用组件 GString 控制膜边线的形式变化。

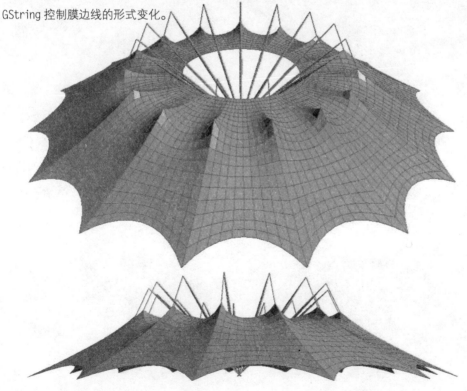

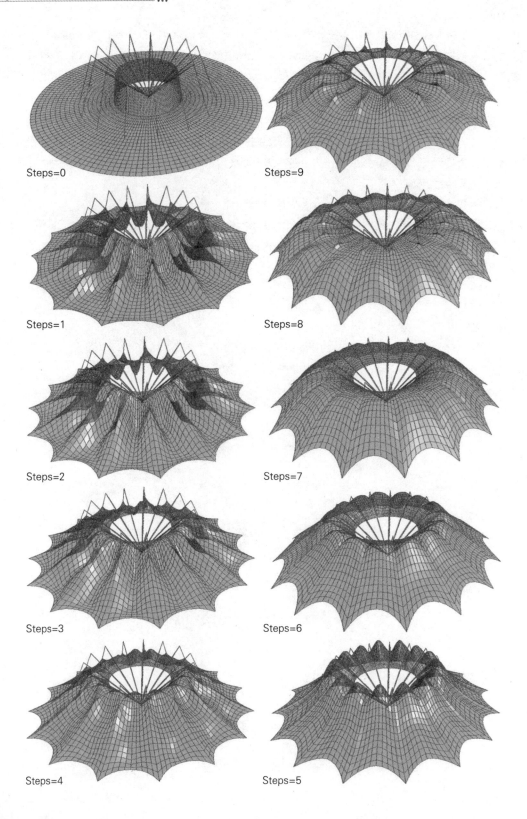

Steps=0

Steps=9

Steps=1

Steps=8

Steps=2

Steps=7

Steps=3

Steps=6

Steps=4

Steps=5

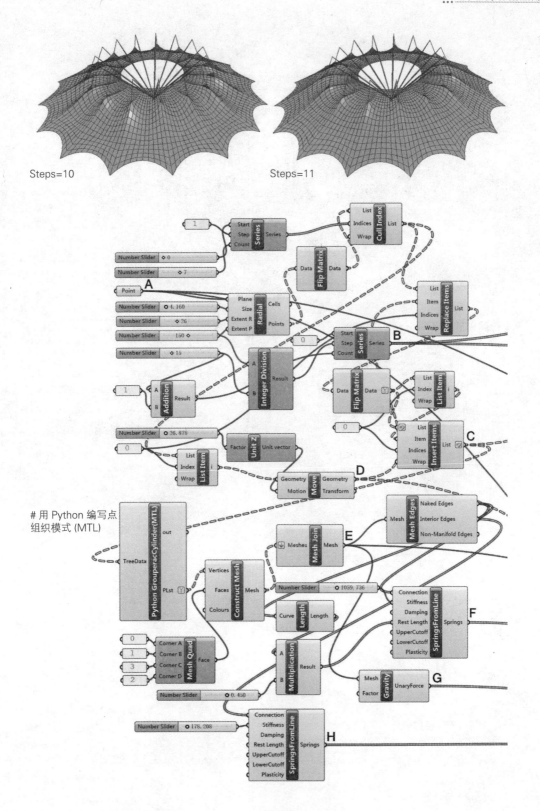

Steps=10

Steps=11

用 Python 编写点
组织模式 (MTL)

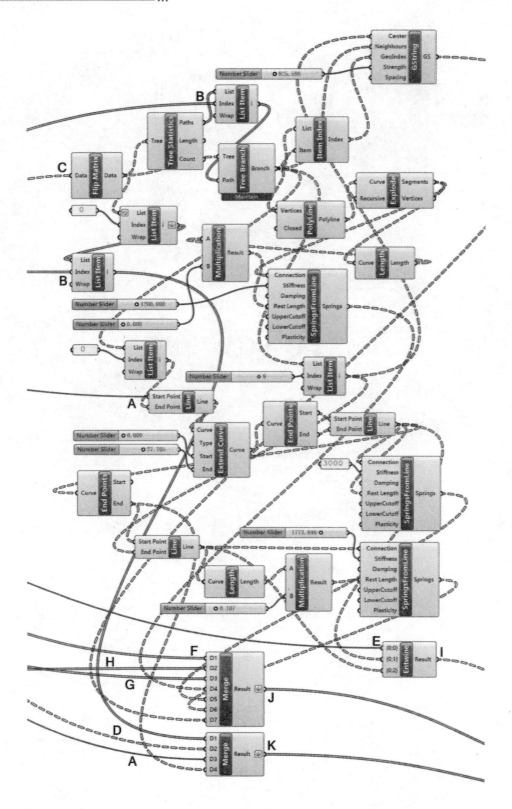

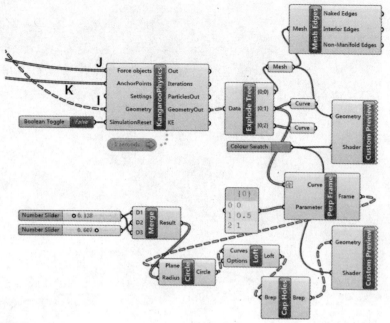

B_ 充气膜结构

　　充气膜结构是依靠充入膜面内部一定压力的气体，使得膜面张紧产生预张力，来抵抗外部荷载作用的一种结构。充气膜结构通常分为气承式充气膜结构和气枕式充气膜结构。气承式充气膜结构是固定膜面周围边缘，对膜建筑室内加压，使膜面鼓起至设计空间曲面，保持内外压差，使膜面受压以确保刚度，从而维持形态并抵抗荷载。气承式膜建筑膜材可分为织物膜（A、B、C 类膜等）和塑性薄膜（PVC、ETFE、FEP 膜等），应具有均匀品质，无缺陷和瑕疵，以保证材料受力特性。对一般大中型气承式膜建筑，结构膜面或内衬膜都有必要的支承索、稳定索或加劲索，改善膜的受力和形态，使膜面矢高较小、膜面受力小、均匀。气承式膜建筑系统与张拉膜不同的必需系统，包括充气机械系统、控制监测系统、备用电源；与张拉膜相似的系统，包括防火、进出口、电力、管线系统等。

　　气枕式充气膜结构大多为双层或多层气囊式结构，这类结构的供压气体仅需充入由上层、下层膜面组成的气囊之中，因此气枕式充气膜结构能够提供较为开阔的空间。

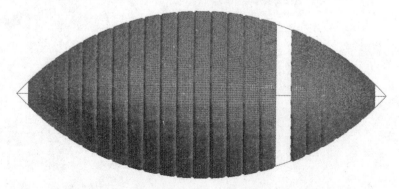

沿长轴建立
连续多个封闭的
Mesh 膜，直接使
用 Kangaroo 的
User Object 组件
MeshPressure 和
SpringsFromMesh
对其施加压力和
弹力。

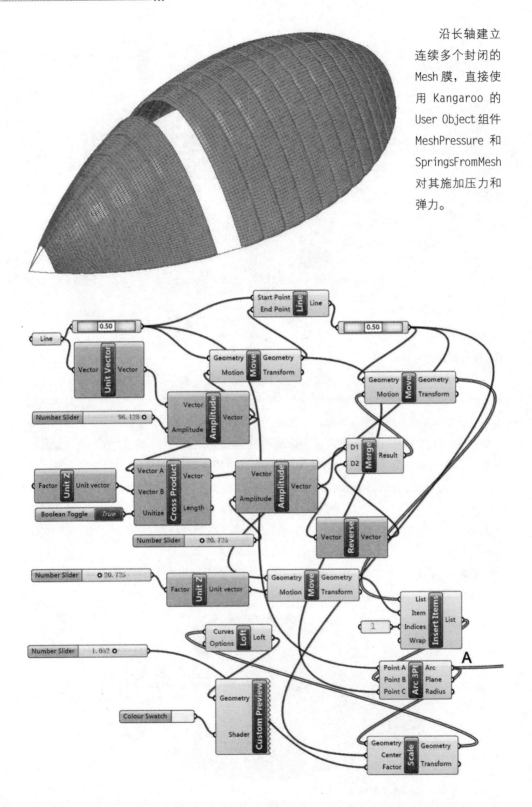

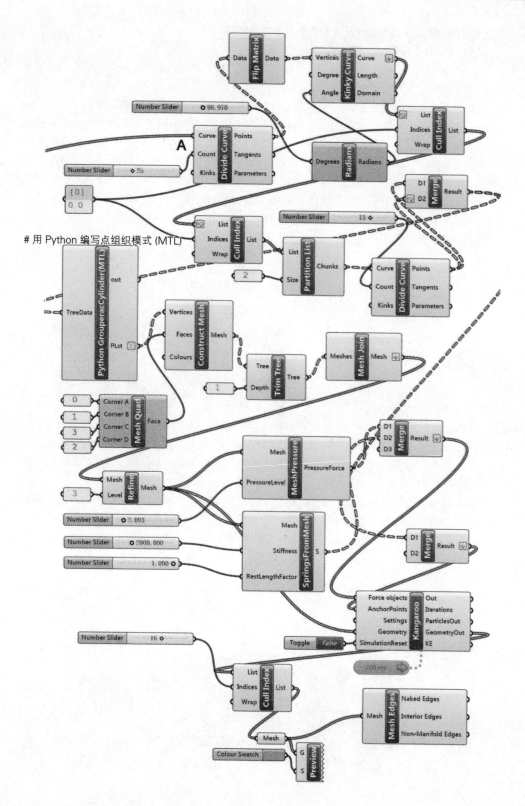

用 Python 编写点组织模式 (MTL)

C_ 极小曲面 minimal surface 与无限周期极小曲面
IPMS(infinite periodic minimal surface)

在数学中，极小曲面是指平均曲率为 0 的曲面。举例来说，满足某些约束条件的面积最小的曲面。

物理学中，由最小化面积而得到的极小曲面的实例可以是蘸了肥皂液后吹出的肥皂泡。肥皂泡极薄的表面薄膜称为皂液膜，这是满足周边空气条件和肥皂泡吹制器形状的表面积最小的表面。

极小曲面的探索主要参考 Susquehanna University 萨斯克汉那大学的 Ken Brakke Mathematics Department 关于极小曲面的研究（http://www.susqu.edu/facstaff/b/brakke/）以及 Grasshopper 扩展模块 MinSurf(http://www.cerver.org/research/minimal-surface-generator/) 和 Alan H. Scboen 在 1970 年 NASA 的技术报告 <Infinite Periodic Minimal Surfaces Without Self-Intersections>。

极小曲面以平均曲率恒为 0 作为特征，其结果相对稳定，在设计领域中往往会寻找极小曲面以及无限周期扩展的方法进行形式设计。大部分 IPMS 的形式的研究来自于 Alan Schoen 和 H. A. Schwarz。

1.Schwarz' P Surface

Schwarz' P Surface 为 Primitive surface，简称为 P，Ken Brakke 给出了上述的图式，与本例 Grasshopper 构建的方式有些出入。本例中基本单元根据上述第 5 张图轴的划分确定，基本单元之间存在 C2 轴，即延该直线（红色线）旋转 180 度镜像，一个单独的立方体单元由 48 个基本单元通过旋转镜像、旋转复制、镜像等方式建立。

基本单元的最小曲面的建立使用 Kangaroo 的 SpringsFromLine 组件建立弹力解算获取。通过程序可以观察到基本单元为极小曲面或者非极小曲面之间的差异，当不是极小曲面时，单元之间的连接过渡不光滑，极小曲面改善了该种情况。

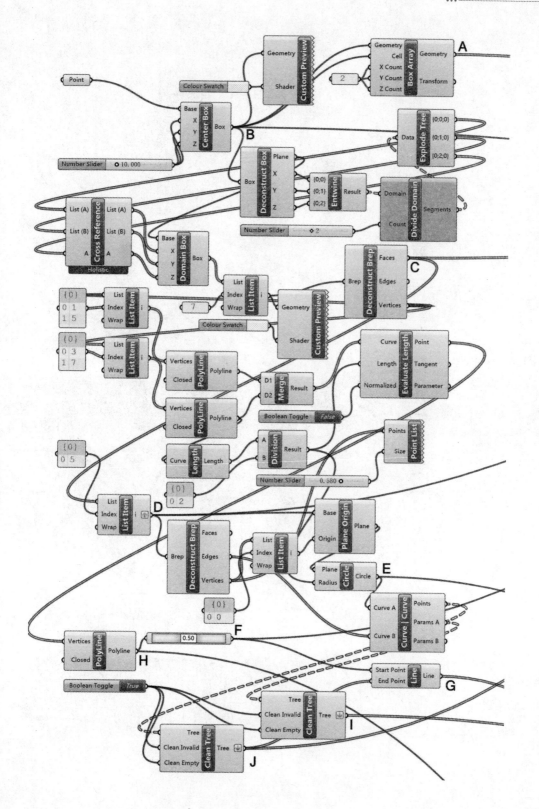

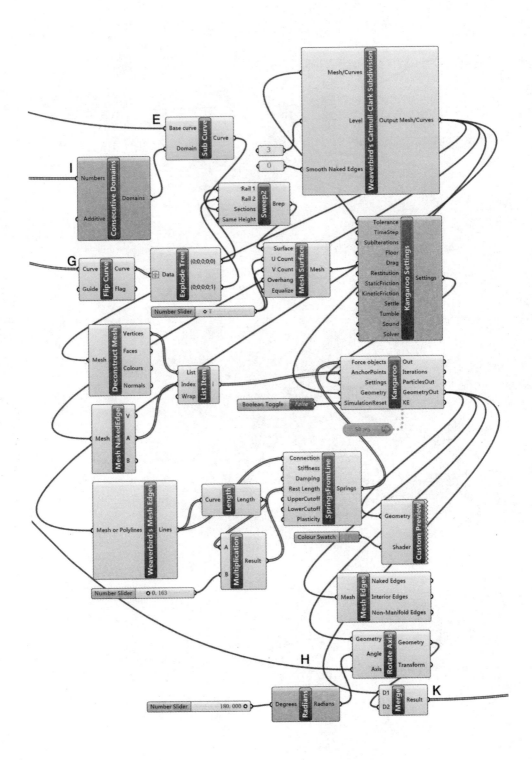

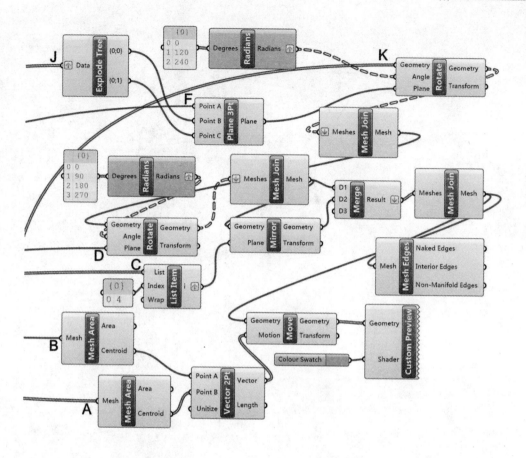

使用通常的方法建立 Schwarz' P Surface 之外，Grasshopper 官方网站社区中 lucas cañada
给出了另一种简单方法，由基础 Mesh 直接松弛获取极小曲面的方法。

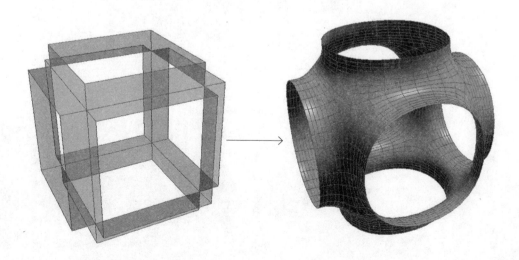

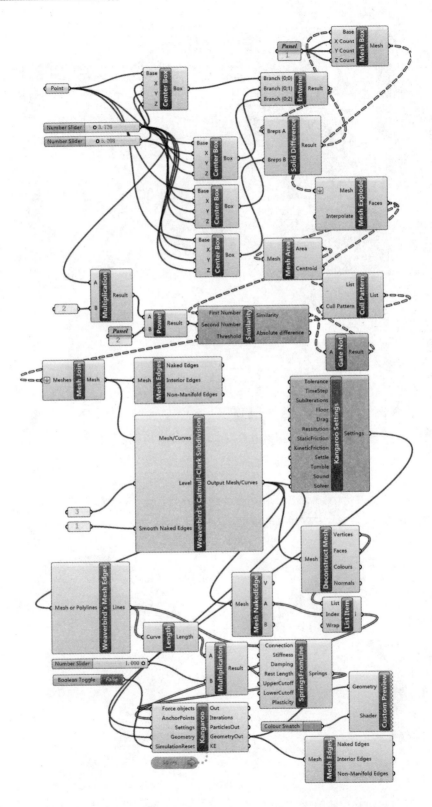

#mesh(+)

官方网址：http://neoarchaic.net/mesh/

Grasshopper 的扩展模块 mesh(+) 可以帮助直接建立 IPMS 多种曲面，该组件需要与 Weaverbird 和 meshedittools 扩展模块配合使用。

直接使用 m(+) Schwarz P 组件建立基本的 p 格网，配合使用细分组件 Weaverbird's Catmull-Clark Subdivision 解算。

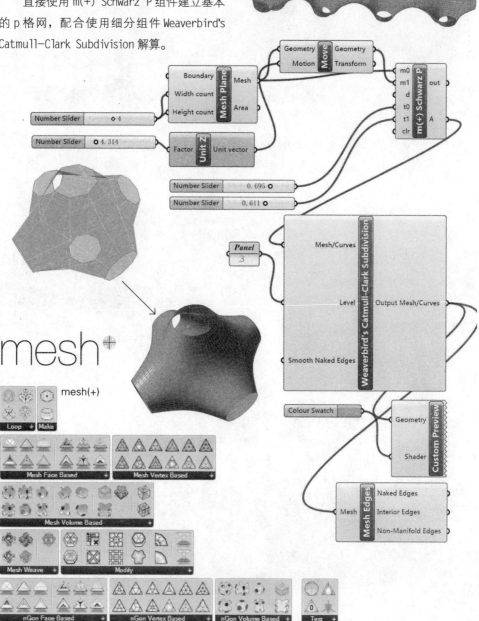

2.Schwarz' D Surface

左侧的图为一个立方体单元，基本单元为一个连续 6 个边控制的极小曲面，通过镜像和旋转获得立方体单元。右侧图为菱形十二面体单元，因为有菱形（钻石）的结构，因此称之为 diamond surface 即 D 曲面。

a. 立方体建立过程

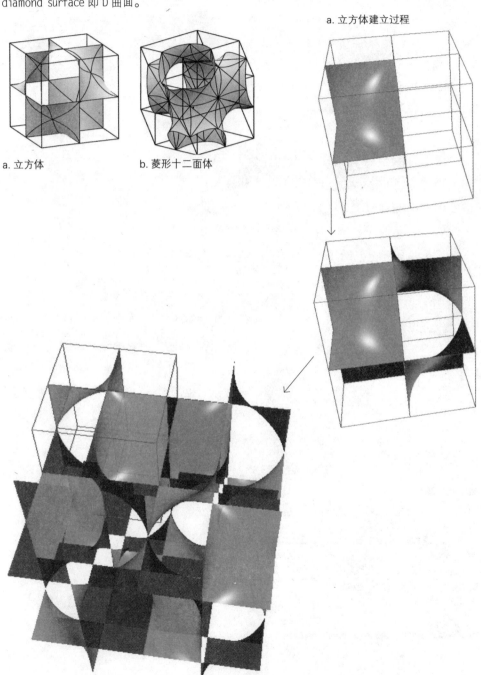

a. 立方体   b. 菱形十二面体

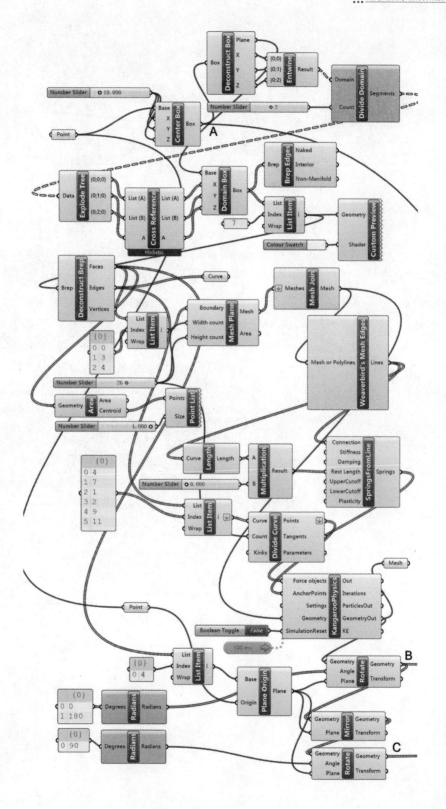

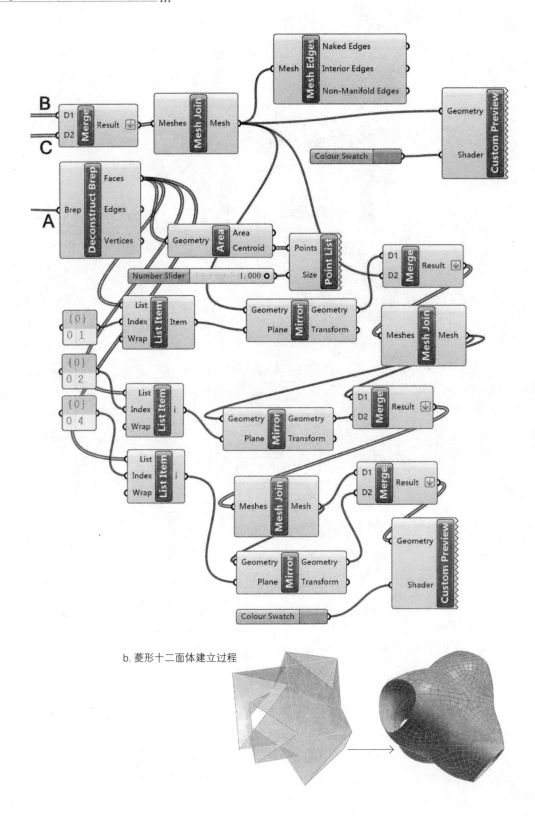

b. 菱形十二面体建立过程

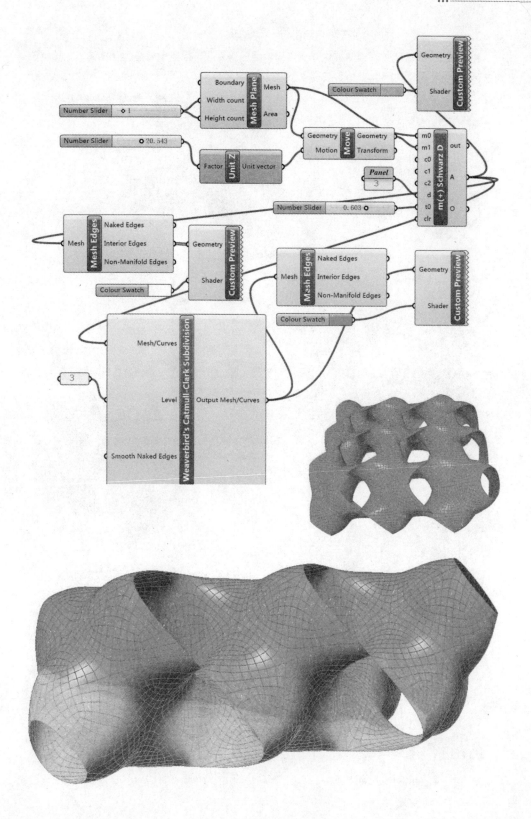

3.mesh(+) 提供的其他相关无限周期曲面

直接使用 mesh(+) 扩展模块提供建立连续曲面的组件，可以避免繁复的程序编写，这里不再赘述。

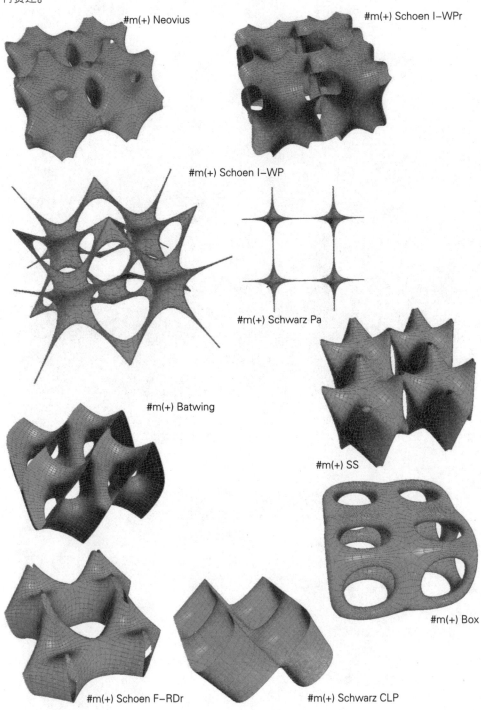

#m(+) Neovius

#m(+) Schoen I–WPr

#m(+) Schoen I–WP

#m(+) Schwarz Pa

#m(+) Batwing

#m(+) SS

#m(+) Box

#m(+) Schoen F–RDr

#m(+) Schwarz CLP

#m(+) Cross

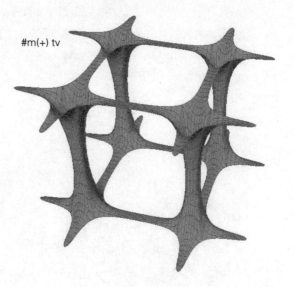

#m(+) tv

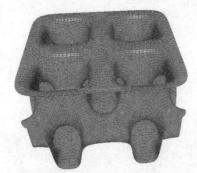

#m(+) Switch

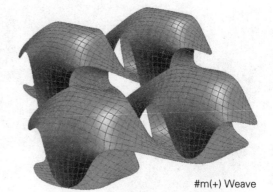

#m(+) Weave

#m(+) xv

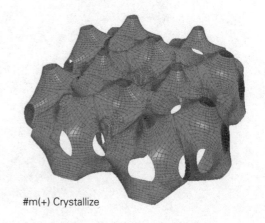

#m(+) Crystallize

4.MinSurf 扩展模块与官方案例

Grasshopper 提供了 MinSurf 扩展模块，Minimal Surface 组件可以根据输入的 4 条曲线直接建立极小曲面。其官方网站为：http://www.archdaily.com/10233/green-void-lava/ 或者从 food 4 Rhino http://www.food4rhino.com/project/minsurf?ufh 中下载。

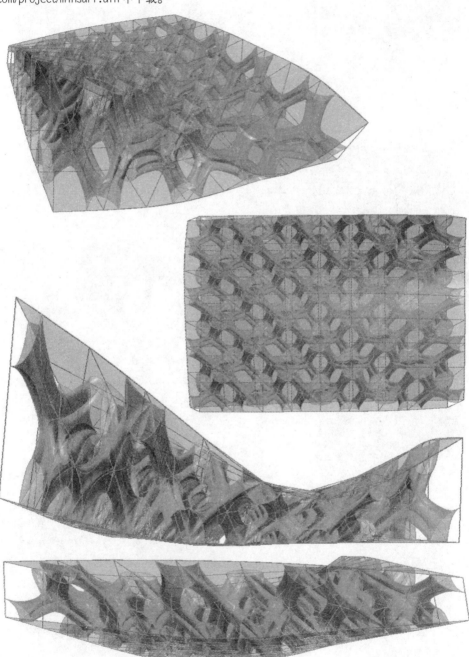

1 建立基本的立方体阵列

● 通过建立基本的立方体阵列，方便建立极小曲面基本单元，并对其进行镜像旋转等操作。

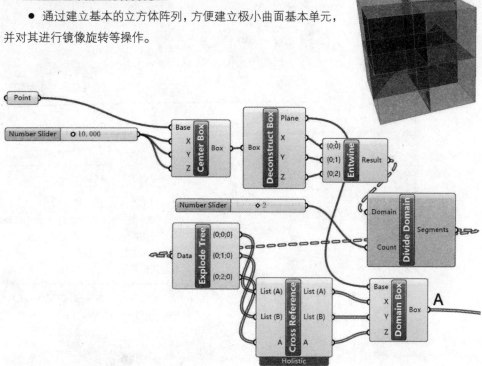

2 建立基本极小曲面

● 极小曲面的建立可以使用前文 Kangaroo 组件动力学解算的方法，也可以直接使用 Grasshopper 的扩展模块 MinSurf 提供的 Minimal Surface 进行计算。Minimal Surface 组件要求输入 4 条连续的曲线作为参数，因此建立极小曲面的方法的关键是根据下图构建 4 条连续的曲线。

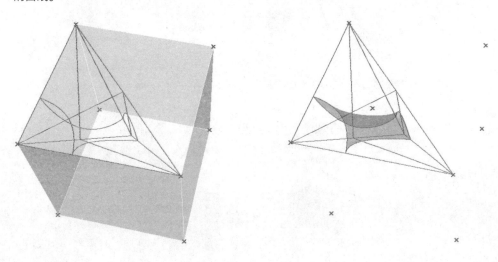

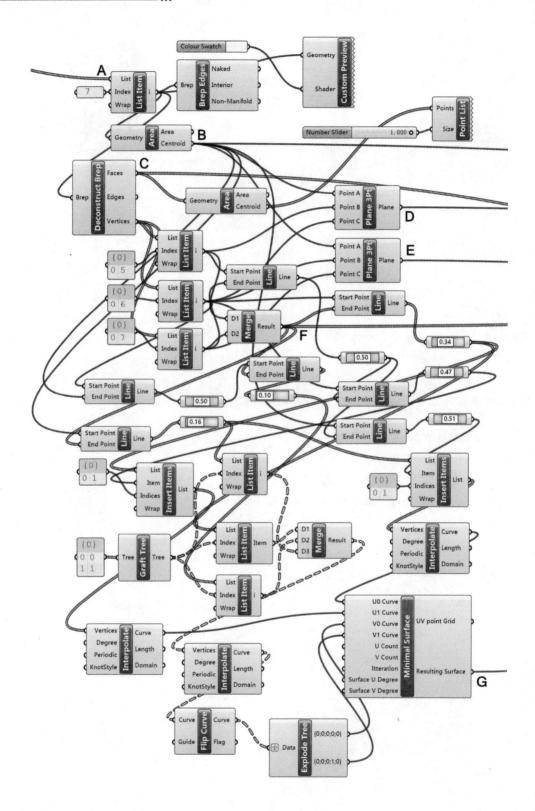

3 镜像、旋转建立方体单元

● 建立 IPMS 对象一般需要对基本单元的极小曲面镜像、旋转等操作构建，建立立方体或者菱形基本单元。本例中镜像、旋转基本是以初始三菱体各个面作为镜像参考平面，另外一个是以立方体的几何中心点使用 Rotate 3D 组件镜像旋转获取。

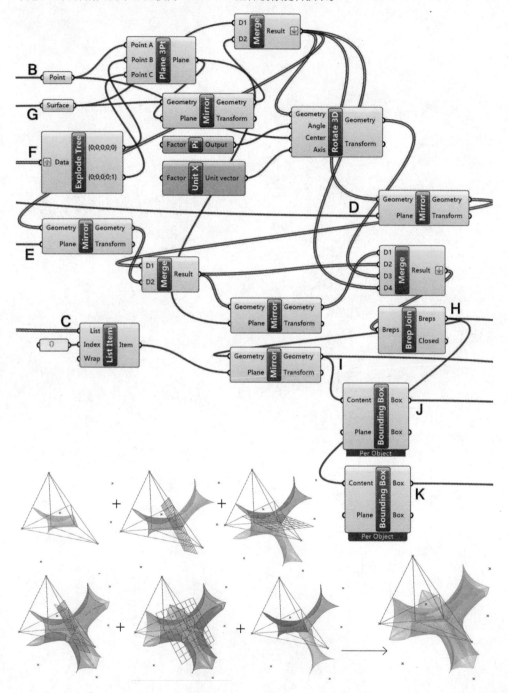

4 建立用于变形的曲面

● 可以对基本立方体单元再镜像、阵列建立连续的对象，如果希望形体变化在整体上有所适应，则可以先建立变化的曲面，将基本立方体单元变形到曲面之间的多个变形盒体中。

每个曲面的建立由控制的两个点建立盒体，再由盒体内随机点建立的凸包控制。

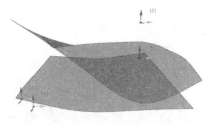

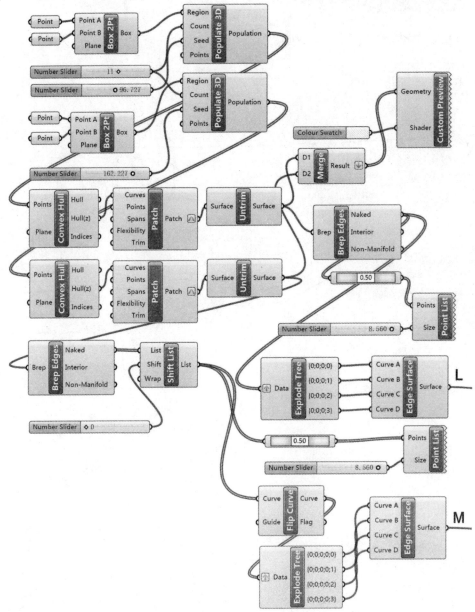

5 建立变形盒体并匹配基本立方体单元

● 使用 Blend Box 组件，配合建立的区间构建两个曲面之间的变形盒。因为变形盒的建立需要两个曲面边线保持一致，否则变形盒会错乱，因此在建立曲面时使用 Patch 获取基本曲面后，恢复被修剪的曲面并提取边线，调整边线排序，使上下边线排序保持一致，再使用组件 Edge Surface 建立曲面。

通过上述途径建立曲面的目的是保持曲面的一致性，从而保持变形盒对位。在使用组件 Box Morph 将单元匹配到变形盒之前，为了保持单元之间开口方向的互相衔接，需要对不同对位的变形盒匹配不同的互为镜像的单元。

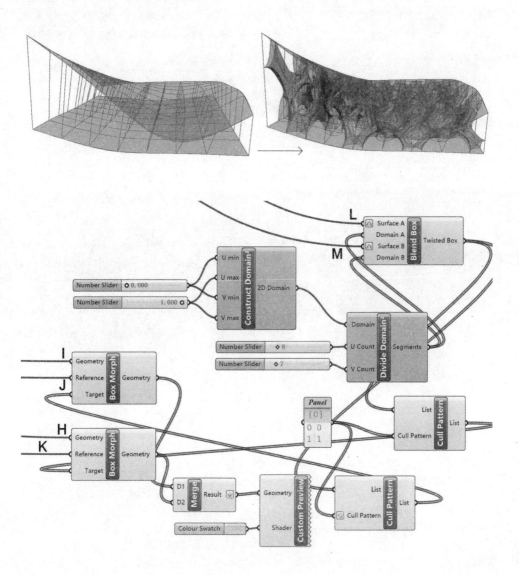

5.Millipede 的 Iso Surface

Grasshopper 的扩展模块 Millipede 千足虫，专注于结构分析和优化设计，内核为线性弹性系统结构分析算法，还包含结构拓扑优化算法。另外 Geometry 部分 Iso Surface 组件可以构建 IPMS 对象。根据官方提供的案例建立 IPMS 对象，并将 C# 编写的数据转换为 Python 编写。

Millipede 官方网址为：http://www.sawapan.eu/。

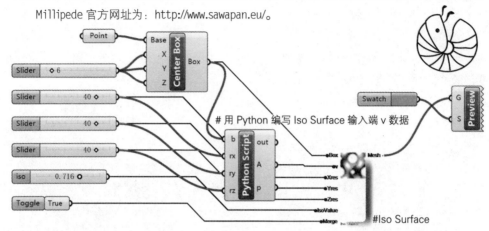

dd=math.sin(px) * math.sin(py) * math.sin(pz)+math.sin(px) * math.cos(py) * math.cos(pz)+math.cos(px) * math.sin(py) * math.cos(pz)+math.cos(px) * math.cos(py) * math.sin(pz) 时

dd=math.cos(px) + math.cos(py) + math.cos(pz) 时

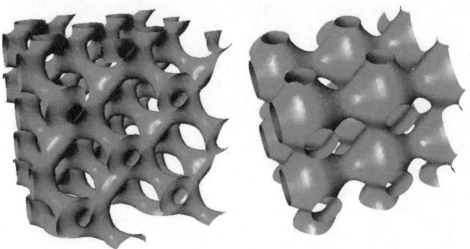

用 Python 编写 Iso Surface 输入端 v 数据

```
import math
import rhinoscriptsyntax as rs
bb=rs.BoundingBox(b)
rx=int(rx)
ry=int(ry)
```

```
rz=int(rz)

pi2=math.pi*2

dxw=rs.Distance(bb[0],bb[1])

dyw=rs.Distance(bb[0],bb[3])

dzw=rs.Distance(bb[0],bb[4])

dx=dxw/(rx−1)

dy=dyw/(ry−1)

dz=dzw/(rz−1)

opoint=bb[0]

ox=opoint[0]

oy=opoint[1]

oz=opoint[2]

p=[]  # 存储根据划分的数量获取输入立方体的点阵

d=[]  # 存储用于 Iso Surface 组件输入端 v 的数值

for k in range(rx):

    nx=dx*k+ox

    for j in range(ry):

        ny=dy*j+oy

        for i in range(rz):

            nz=dz*i+oz

            px=nx

            py=ny

            pz=nz

            po =rs.AddPoint(px,py,pz)

            p.append(po)

                dd = math.sin(px) * math.sin(py) * math.sin(pz)+math.sin(px) * math.cos(py)
* math.cos(pz)+math.cos(px) * math.sin(py) * math.cos(pz)+math.cos(px) * math.cos(py) *
math.sin(pz)

            #dd=math.cos(px) + math.cos(py) + math.cos(pz)

            #dd = pz * pz * math.cos(px) − math.cos(py)

            #dd = pz * math.cos(px) − math.cos(py)

            #dd = math.exp(pz) * math.cos(px) − math.cos(py)

                #dd = 0.1 * math.cos(pi2 * nx) * math.cos(2.0 * pi2 * (nz − ny)) − 0.1 *
math.cos(pi2 * (3.0 * ny − 2.0 * nz)) + 0.2 * math.sin(2.0 * pi2 * (nz + ny))

            d.append(dd)

A=d
```

3 展平

Kangaroo 的 Unroller 展平组件与使用 Python 编写的展平程序

折叠的过程是对具有折痕的"纸"施加力的过程，本身就是折叠结果的初始状态，而索膜结构和极小曲面因为对膜材料施加弹力产生变形，因此需要编写程序将处于稳定状态的膜展平在平面上，便于加工建造。

Kangaroo 提供了 Unroller 展平组件和相关 Stripper 曲面 UV 成组划分条带提取的组件，但是 Unroller 只能展平四边面，在一些特殊的情况下 Unroller 无法完成展平过程。同时四边面很多情况下并不是平面，因此希望转换为三边面再展平，对于 Unroller 无法解决的问题，需要自行编写程序达到设计建构的目的。

1 建立 ww 面（Mesh）

● 使用 mesh(+) 扩展模块 n(+) Cross 组件建立用于施加弹力的基本 Mesh 格网。使用 Rectangle 组件拾取一个矩形并偏移复制一个，分别随机获取位于矩形内的随机点用于 n(+) Cross 组件输入端 pt0 和 pt1。

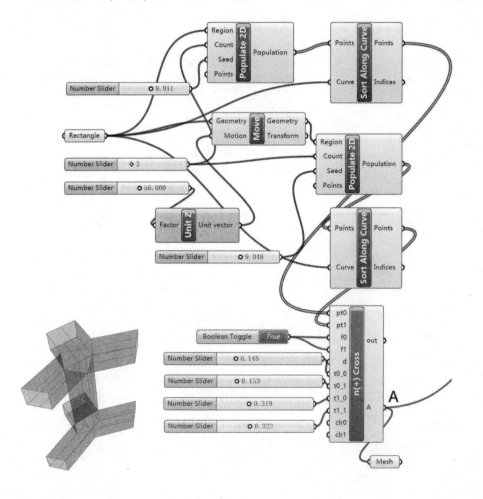

2 动力学解算

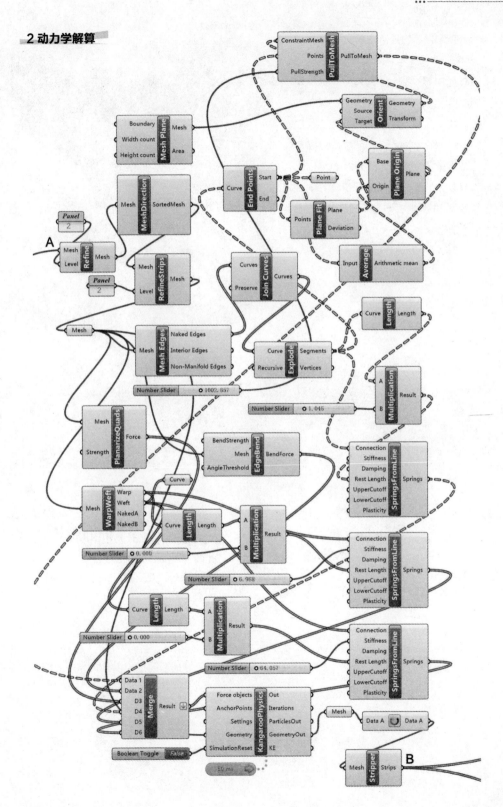

● 对基本的 Mesh 对象使用 Kangaroo 提供的 Refine 和 RefineStrips 组件可以对 Mesh 进行细分。对细分后的 mesh 施加多个力对象，包括控制开口位置的 PullToMesh 力对象，控制开口松弛程度的 SpringsFromLine 弹力，对 Mesh 各单元面尽量保持平面化的 PlanarizeQuads 力对象，并使用 WarpWeft 各异方向提取 Mesh 边线，分别施加不同 Stiffness 刚度调整参数。

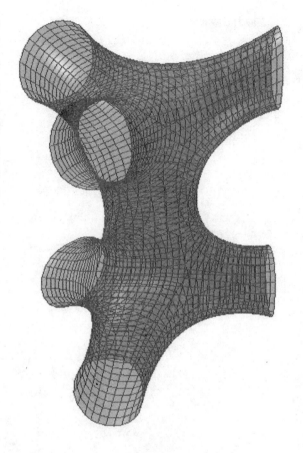

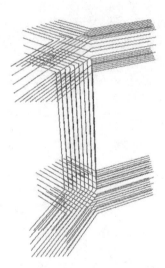

WarpWeft 提取的 Weft 纬线

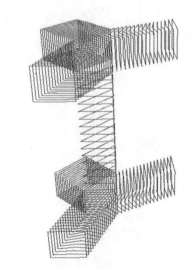

WarpWeft 提取的 Warp 经线

3 Kangaroo 提供的 Unroller 展平方法

● Kangaroo 提供的 Stripper 组件可以将复杂的 Mesh 对象划分为多个连续的条带，进而使用 Unroller 组件展平，为复杂曲面的建造提供解决的策略。

Unroller 目前仅对四边面作用，其输入端 Unroll 可以控制非平面四边面展平的程度。为了便于观察条带的划分情况，可以将不同的条带赋予不同的颜色。

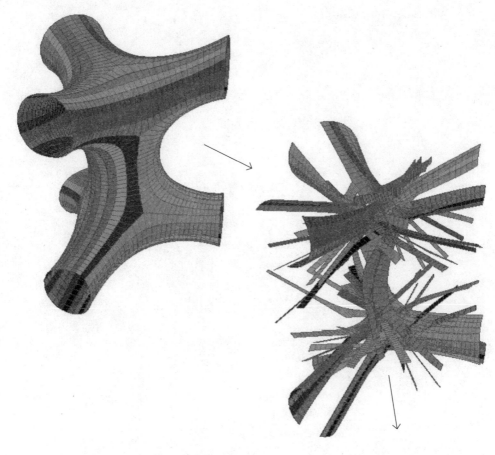

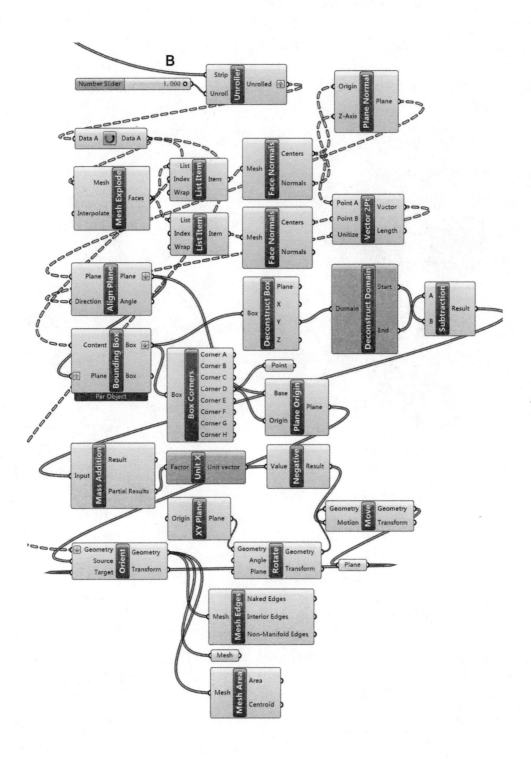

4 使用 Python 编写展平的程序

● 在 Grasshopper 尚没有提供展平扩展模块时，需要自行编写解决程序，即使 Kangaroo 提供了 Unroller 展平组件，但是对于有些问题，例如三边面的展平问题或者部分 Unroller 无法展平的 Mesh，仍然需要自行编写程序。

用 Python 编写 Mesh 展平程序的详细解释可以参考"面向设计师的编程设计知识系统"中《学习 Python——做个有编程能力的设计师》相关部分。因为使用 Stripper 划分的条带，每个条带连续的 mesh 面并不是按照顺序排列，而用 Python 编写的展平程序需要其输入端的 Mesh 保持连续的顺序，因此另行用 Python 编写 Mesh 排序的程序。

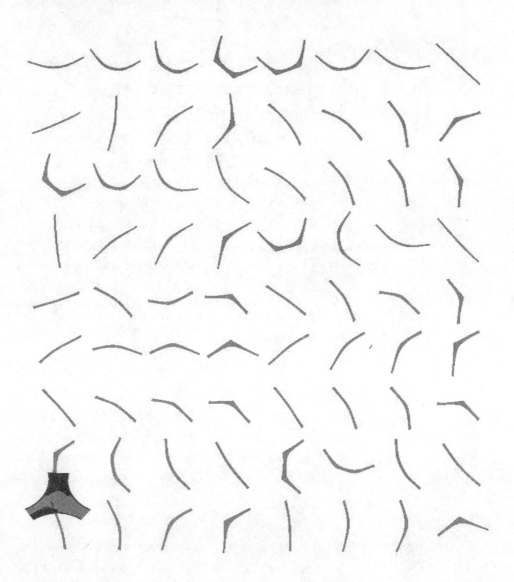

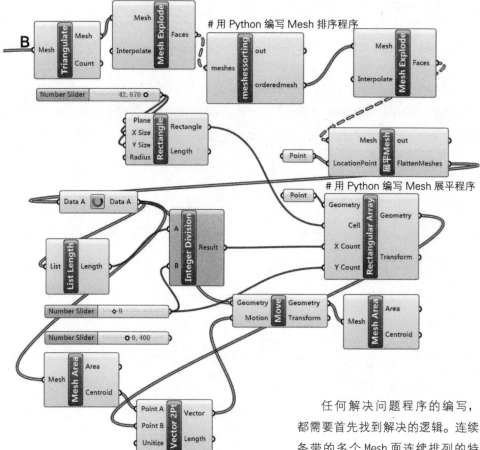

用 Python 编写 Mesh 排序程序

用 Python 编写 Mesh 展平程序

任何解决问题程序的编写，都需要首先找到解决的逻辑。连续条带的多个 Mesh 面连续排列的特点是什么？只要找到规律，问题就会迎刃而解。相邻单元 Mesh 之间共线和共点，因此只需要判断每个 Mesh 与其他单元 Mesh 是否有共点。可以通过计算是否共点的数量为 2，即为相邻的单元 Mesh。如果相邻则加入 ordered 列表，并从 deepcopymeshdic 列表中移除，采用递归的方法直到 deepcopymeshdic 列表为空停止计算。

同时首先需要确定位于边缘的单元 Mesh，从该单元 Mesh 开始逐个寻找。寻找位于两端的单元 Mesh 也是通过判断共点的数量求取。

用 Python 编写 Mesh 排序程序

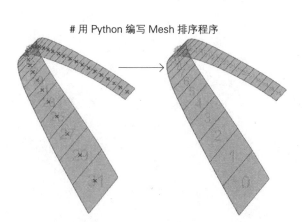

```
import rhinoscriptsyntax as rs
from Grasshopper import DataTree
from Grasshopper.Kernel.Data import GH_Path
import copy
import Rhino,Grasshopper,System

def ordermesh(mesh): #定义每一个条带排序的函数
    explodemeshes=rs.ExplodeMeshes(mesh)
    dic={} #建立字典，以各个单元 Mesh 为键，对应的 Mesh 顶点列表为值
    for j in explodemeshes:
        meshvertices=rs.MeshVertices(j)
        dic[j]=meshvertices

    verticeslst=dic.values()
    verticeslstflatten=[] #存储所有顶点的列表
    se=[]
    for i in verticeslst:
        for j in i:
            verticeslstflatten.append(j)

    for key in dic.keys(): #循环遍历，碰到坐标值相同的点则将 n 加 1，如果为 6 则说明为
两端的单元 Mesh
        n=0
        for ver in dic[key]:
            for p in verticeslstflatten:
                if ver[0]==p[0] and ver[1]==p[1] and ver[2]==p[2]:
                    n+=1
        if n==6:
            se.append(key)
    deepcopymeshdic=copy.deepcopy(dic)
    deepcopymeshdic.pop(se[0])
    ordered=[]
    ordered.append(se[0])

    def order(orderlst,deepcopymeshdic): #定义递归子函数，寻找相邻 Mesh
        if len(deepcopymeshdic.keys())==0:
            return ordered
        else:
            for restkey in deepcopymeshdic.keys():
                lastpoint=dic[ordered[-1]]
                rc=0
```

```
                    for restcoordi in deepcopymeshdic[restkey]:
                        for lpcoordi in lastpoint:
                            if lpcoordi[0]==restcoordi[0] and lpcoordi[1]==restcoordi[1] and
lpcoordi[2]==restcoordi[2]:
                                rc+=1
                        if rc==2:
                            ordered.append(restkey) # 存储顺序的单元 Mesh 列表
                            deepcopymeshdic.pop(restkey) # 移除存入 ordered 列表中的单元 Mesh
                            return order(ordered,deepcopymeshdic) # 递归
            order(ordered,deepcopymeshdic)
            return ordered


data=meshes


Glst=[] # 存储输入待展平的 Mesh 列表，将打散的 Mesh 使用 rs.JoinMeshes 合并
for i in range(data.BranchCount):
    branchlst=data.Branch(i)
    lst=[]
    for k in range(len(branchlst)):
        lst.append(branchlst[k])
    joinmesh=rs.JoinMeshes(lst, True)
    Glst.append(joinmesh)


joinmeshf=[]


for i in Glst: # 循环遍历条带，执行 ordermesh() 函数，逐次展平所有的条带
    flst=ordermesh(i)
    joinmeshf.append(rs.JoinMeshes(flst, True))
orderedmesh=joinmeshf
```

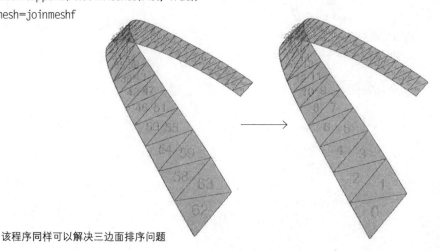

该程序同样可以解决三边面排序问题

```python
# 用 Python 编写 Mesh 展平程序
import rhinoscriptsyntax as rs
import Rhino
from Grasshopper import DataTree # 调入 DataTree 模块
from Grasshopper.Kernel.Data import GH_Path # 调入函数 GH_Path
def flattenmesh(mesh,LocationPoint): # 定义展平函数，具体阐述参考前文，此处不再赘述
    lp=[]
    for i in LocationPoint:
        lp.append(rs.PointCoordinates(i))
    meshes=rs.ExplodeMeshes(mesh)
    xymeshes=[]
    for i in range(len(meshes)):
        if i ==0:
            mesh0point=rs.MeshVertices(meshes[i])
            xymesh0=rs.OrientObject(meshes[i], mesh0point,lp,1)
            xymeshes.append(xymesh0)
        else:
            vertices2=rs.MeshVertices(meshes[i])
            vertices1=rs.MeshVertices(meshes[i-1])
            ver=[m for m in vertices1 for n in vertices2 if m==n]
            a=ver[0]
            b=ver[1]
            indexa=vertices1.index(a)
            indexb=vertices1.index(b)
            d=[m for m in vertices2 if m not in ver][0]
            refvertice=rs.MeshVertices(xymeshes[i-1])
            indexc=[c for c in range(0,3) if c !=indexa and c!=indexb]
            refverticespoint=rs.MirrorObject(rs.AddPoint(refvertice[indexc[0]]),refvertice
[indexa],refvertice[indexb])
            mirrorpoint=rs.PointCoordinates(refverticespoint)
            xymesh=rs.OrientObject(meshes[i],[a,b,d],[refvertice[indexa],refvertice[indexb]
,mirrorpoint],1)
            xymeshes.append(xymesh)
        vertices2lst=[]
        vertices1lst=[]
        ver=[]
    return xymeshes
data=Mesh
Glst=[]
for i in range(data.BranchCount):
    branchlst=data.Branch(i)
```

```
lst=[]
for k in range(len(branchlst)):
    lst.append(branchlst[k])
joinmesh=rs.JoinMeshes(lst, True)
Glst.append(joinmesh)
joinmeshf=[]
for i in Glst:
    flst=flattenmesh(i,LocationPoint)
    joinmeshf.append(rs.JoinMeshes(flst, True))
FlattenMeshes=joinmeshf
```

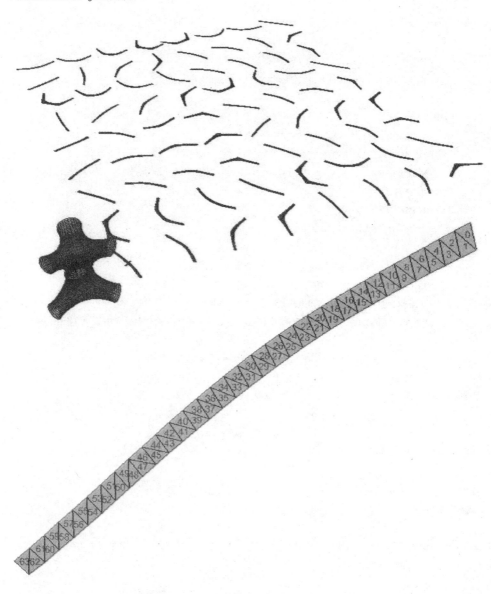

9

Folding Building
折叠的建筑

前文根据 Paul Jackson 编写的《从平面到立体——设计师必备的折叠技巧，Folding Techniques for Designers:From Sheet to Form》，系统地从程序编写的角度阐述折叠，对于每一种折叠的方式都给出了程序编写的方法。用程序的方法重新诠释折叠的过程并不仅仅是换种思维来表述折叠，同时也并不仅仅是为了熟练掌握 Grasshopper+Kangaroo 动力学模块，更重要的是编程设计的思维。对于很多设计师应该能够根据前文阐述的折叠程序发展出很多出色的设计形式，一方面是根据折叠方法的研究，创造出更多的折叠形式；另一方面是根据折叠的形式衍生出建筑形式。

本部分就是利用前文阐述的一个程序，加以梳理完成一个建筑概念的设计。在这个设计中，以折叠的"纸"作为建筑的表皮，调整了折叠的程序，包括为了满足建筑较好地与地表面吻合，对部分点施加限制，使其保持位于 XY 的平面上；在力的施加上也增加了图形函数变化，施加抛物线形式的力变化，来影响建筑表皮的形式，获得细微的韵律变化。同时增加了建筑本身具有的功能形式，幕墙、入口、楼板、楼梯、支撑结构等，完成建筑的基本组成。

从折叠的程序角度来演化建筑的形式，这个过程不是静止的，而是可以从折叠的迭代过程中观察建筑形式的变化，这与传统设计手法截然不同。在迭代的过程中，我们可以控制施加的力，比较不同力作用下形式空间的差异；在迭代的过程中，可以观察相关建筑功能形式部分的变化，例如入口的折板来自于折叠"纸"的一部分，在建筑被拉起时，折板的形式不断地发生着形式的变化，这个变化令设计的过程更加丰富；在迭代的过程中，支撑结构中支撑杆是与建筑表皮关联的，表皮的变化带来支撑位置的变化。从折叠的程序角度建立建筑空间，延伸了传统折叠的方式，将物理空间与虚拟模式空间相关联，方便折叠形式向建筑形式转化，并能够自由控制折叠的形式。

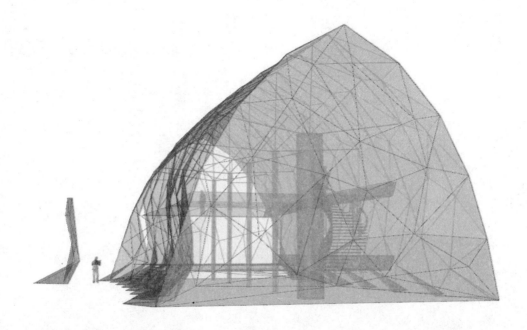

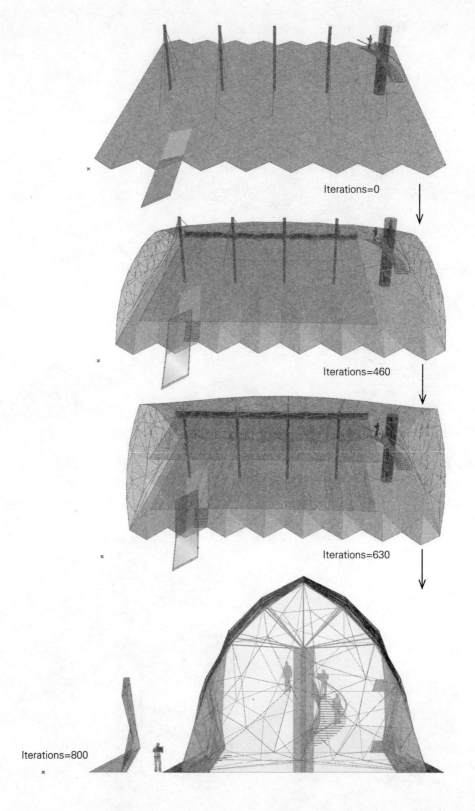

Iterations=0

Iterations=460

Iterations=630

Iterations=800

A_ 折叠过程

首先根据前文阐述的方法建立折叠的程序，将折叠后的形式作为建筑的基本表皮结构，再在此基础上建立支撑结构、楼层、楼梯、入口以及内部家具等。折叠过程的程序源于 X 形拱部分，可以对比参考。

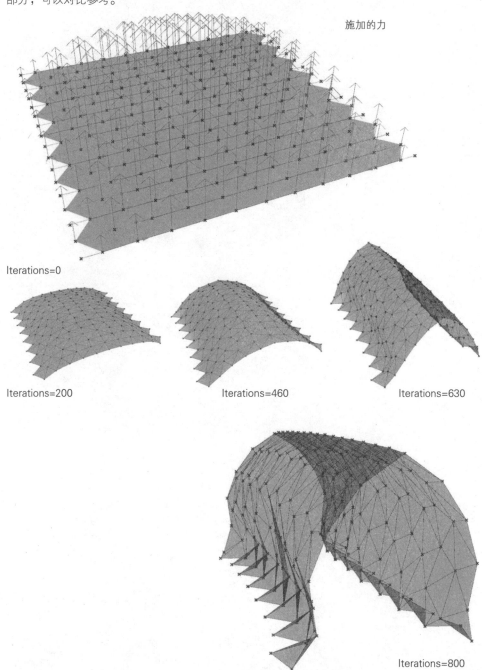

施加的力

Iterations=0

Iterations=200

Iterations=460

Iterations=630

Iterations=800

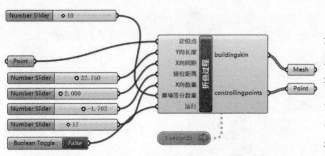

为了便于管理程序，按部
分封装，封装的原则基本是按
照建筑组成部分进行分组，包
括基本的结构折叠过程、幕墙
与入口、两侧幕墙、柱、楼层
与长条桌、室外台阶、螺旋楼
梯和人参考定位。

1−构建具有折痕的"纸"

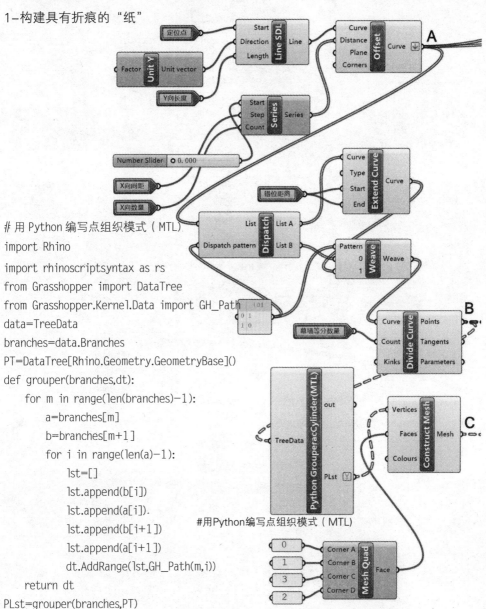

```
# 用 Python 编写点组织模式（MTL）
import Rhino
import rhinoscriptsyntax as rs
from Grasshopper import DataTree
from Grasshopper.Kernel.Data import GH_Path
data=TreeData
branches=data.Branches
PT=DataTree[Rhino.Geometry.GeometryBase]()
def grouper(branches,dt):
    for m in range(len(branches)−1):
        a=branches[m]
        b=branches[m+1]
        for i in range(len(a)−1):
            lst=[]
            lst.append(b[i])
            lst.append(a[i]).
            lst.append(b[i+1])
            lst.append(a[i+1])
            dt.AddRange(lst,GH_Path(m,i))
    return dt
PLst=grouper(branches,PT)
```

#用Python编写点组织模式（MTL）

2-力对象与解算的几何对象

● 使用 PowerLaw 组件建立相向拉伸的力，为了增加拉伸的变化，使用图形函数 Graph Mapper 组件 Parabola 抛物线函数变化力的大小。

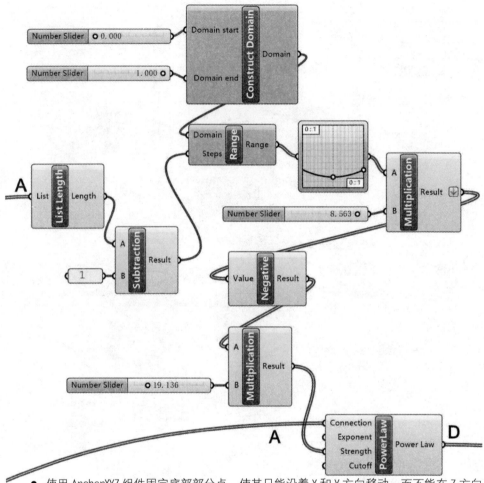

● 使用 AnchorXYZ 组件固定底部部分点，使其只能沿着 X 和 Y 方向移动，而不能在 Z 方向上移动，从而使建筑底部与地面较好地吻合。

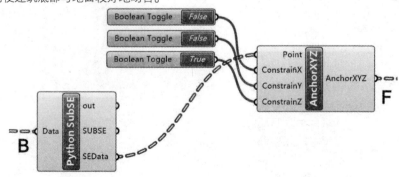

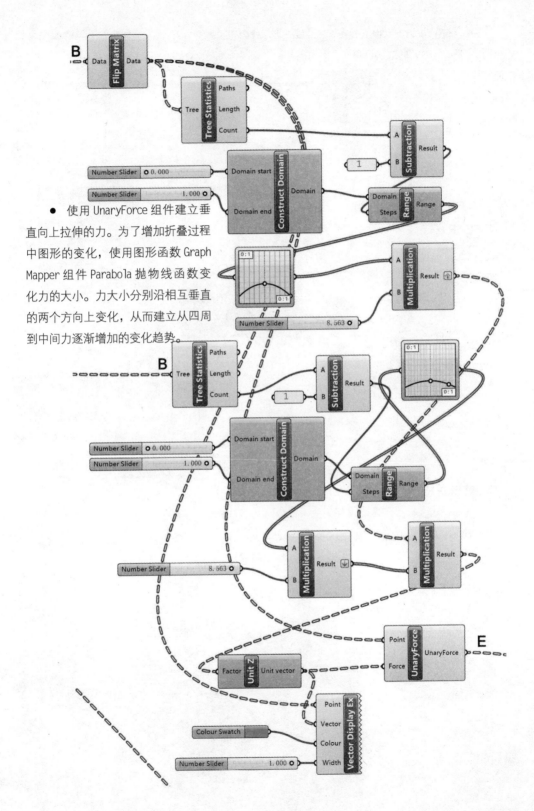

● 使用 UnaryForce 组件建立垂直向上拉伸的力。为了增加折叠过程中图形的变化，使用图形函数 Graph Mapper 组件 Parabola 抛物线函数变化力的大小。力大小分别沿相互垂直的两个方向上变化，从而建立从四周到中间力逐渐增加的变化趋势。

● 使用 SpringsFromLine 组件对折线段施加弹力，Rest Length 输入端休止长度与输入的折线段长度保持一致，即线段自身在受到力的作用下长度保持不变。

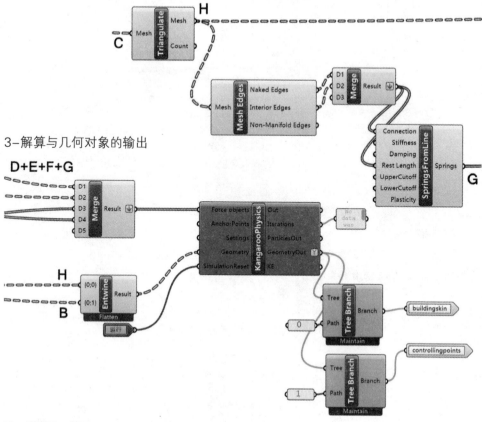

3–解算与几何对象的输出

B_ 幕墙与入口

幕墙部分使用 Grasshopper 的扩展组件 WeaverBird 中 Weaverbird's Picture Frame、Weaverbird's Mesh Window 和 Weaverbird's Mesh Thicken 建立玻璃和具有厚度的窗框。入口部分则提取折叠后形式的部分 Mesh 面，将其偏移一定距离并放样一定厚度。

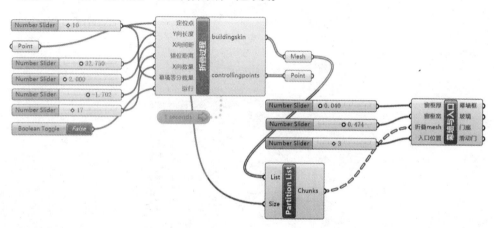

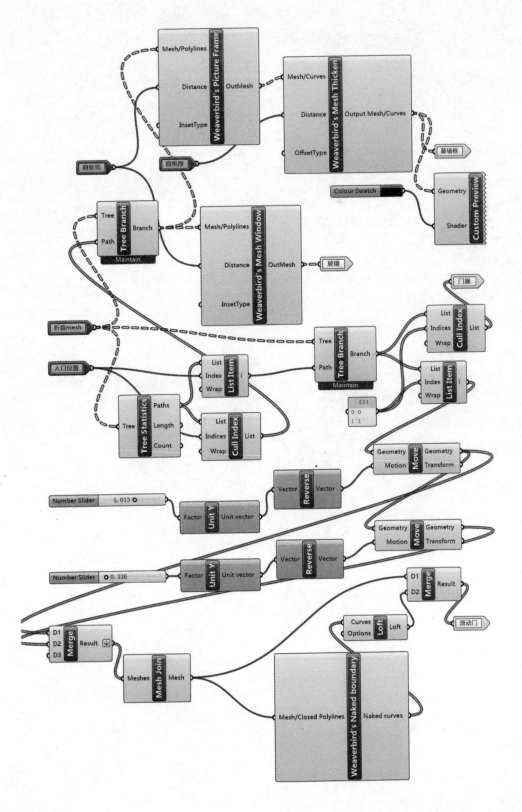

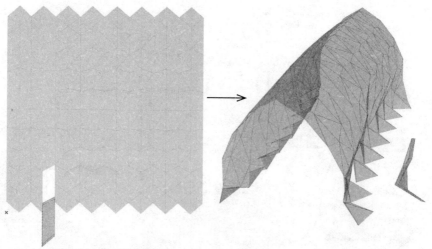

● 入口部分会随着折叠的过程而变化，这个过程让设计变得更加有趣味，同样将要构建的建筑其他部分也会随着折叠解算的过程同时衍化。

C_ 两侧幕墙

两侧幕墙的设计同样采用折叠的方法，首先提取两侧的点，使用 Fragment Patch 组件建立面并提取面的随机点，再用随机点建立基本具有折痕的"纸"，然后在随机点上施加垂直随机的力，获取具有变化的两侧幕墙形式。

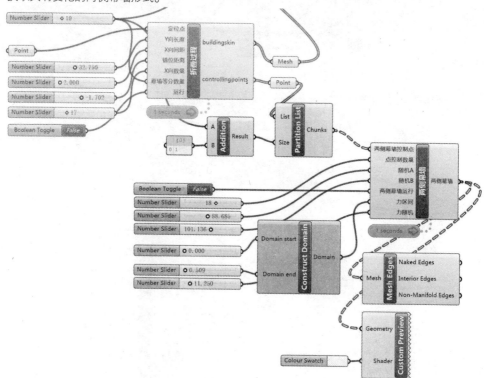

1–构建具有折痕的"纸"

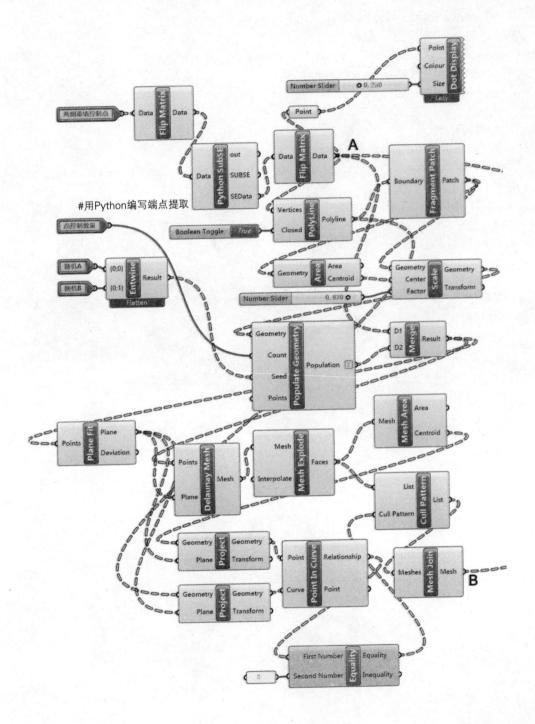

#用Python编写端点提取

```
# 用 Python 编写端点提取
import Rhino
import rhinoscriptsyntax as rs
from Grasshopper import DataTree
from Grasshopper.Kernel.Data import GH_Path
data=Data
branches=data.Branches
tr=DataTree[Rhino.Geometry.GeometryBase]()
se=DataTree[Rhino.Geometry.GeometryBase]()
lst=[]
selst=[]
for i in (range(data.BranchCount)):
    lst=[a for a in branches[i] if a!=branches[i][0] and a!=branches[i][len(
branches[i])-1]]
    tr.AddRange(lst,GH_Path(i))
    selst=[b for b in branches[i] if b==branches[i][0] or b==branches[i][len(
branches[i])-1]]
    print(selst)
    se.AddRange(selst,GH_Path(i))
SUBSE=tr
SEData=se
```

2–力对象与解算的几何对象+3–解算与几何对象的输出

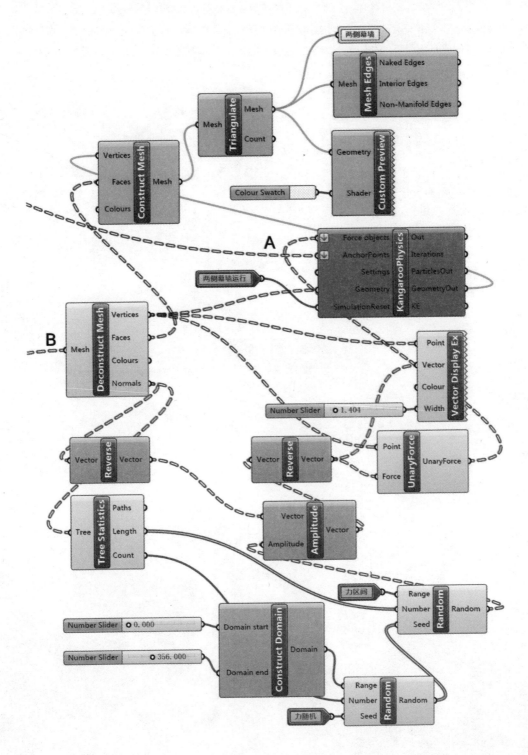

D_柱

中间为主要的支撑柱体，到顶部则分散成多个支撑杆，支撑杆与幕墙的结构节点相接。提取幕墙节点是使用 Cull Index 组件，先移除索引值为 0、1、2 的点，再反转列表，再移除一次索引值为 0、1、2 的点就可以获得中间部分的点，可以根据设计目的自行调整提取的点。

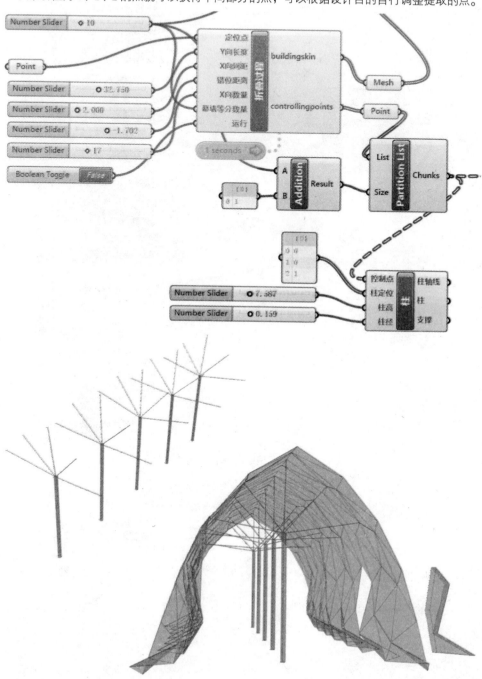

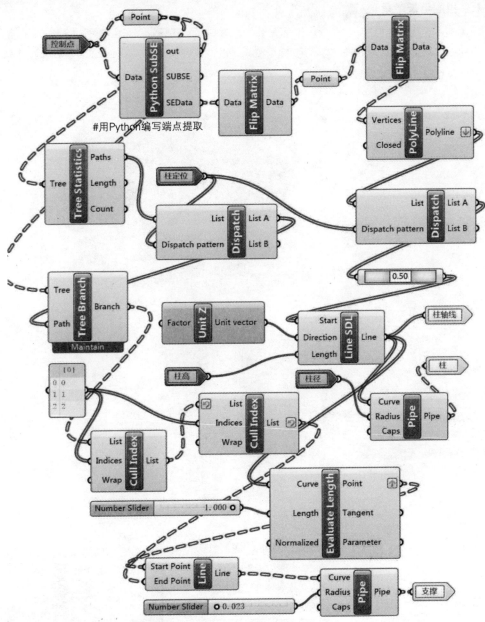

#用Python编写端点提取

● 用 Python 编写端点提取，同步骤 C 中的程序。

E_ 楼层与长条桌

　　本步骤建立地面层，以及第一、二层楼板，地面层与建筑表皮完全吻合，第一、二层拟合出一条顺滑的曲线，未与建筑表皮完全衔接，进一步的设计可以自行调试或者在此程序基础上调整设计策略重新思考设计。

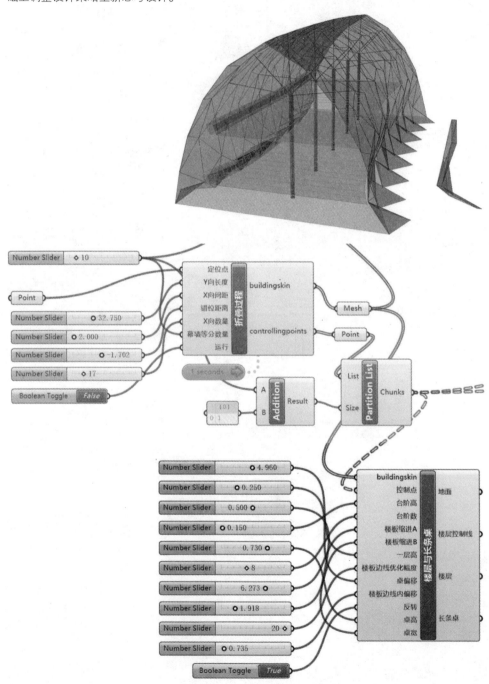

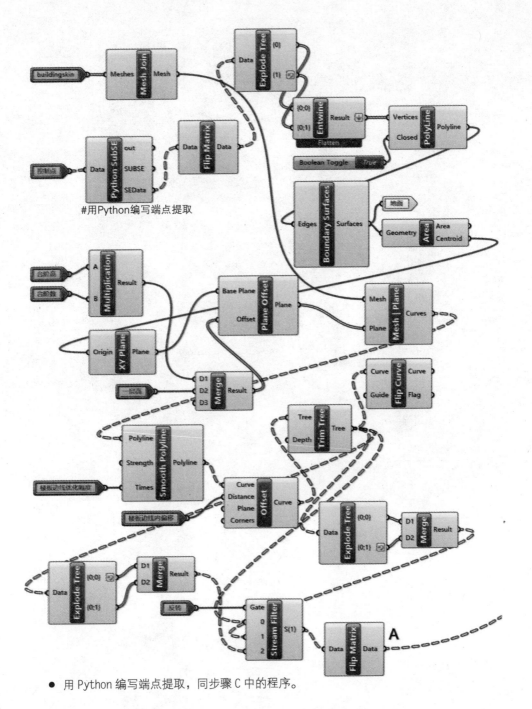

#用Python编写端点提取

● 用 Python 编写端点提取，同步骤 C 中的程序。

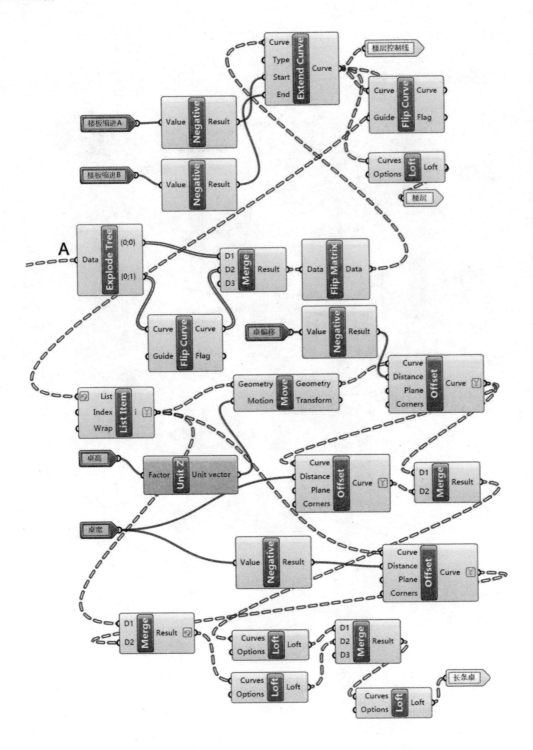

F_ 室外台阶

　　沿着第一层楼板的边缘控制线提取部分线段用于室外楼梯的构建，因此在封装"楼层与长条桌"组件时，需要输出用于构建"室外台阶"对应输入条件"楼层控制线"的参数。

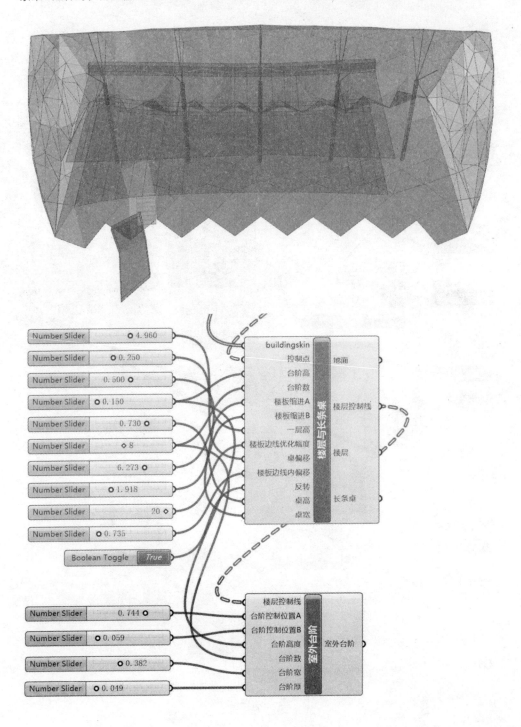

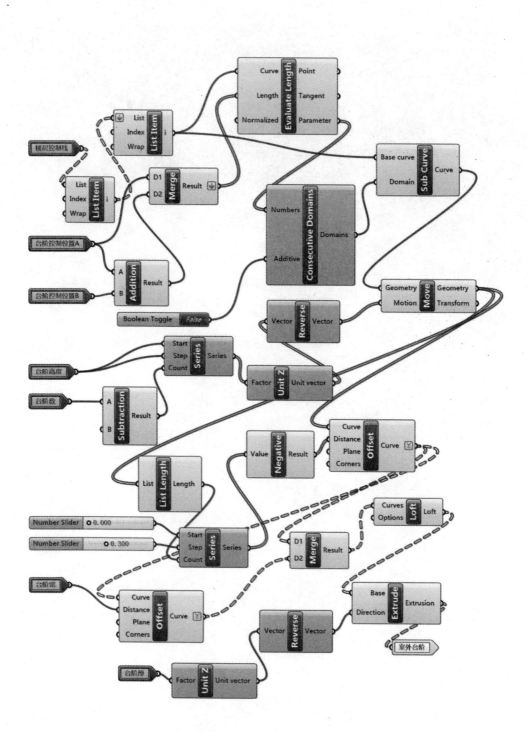

G_ 螺旋楼梯

提取其中一条柱轴线作为建立螺旋楼梯的基本控制线，建立螺旋楼梯。本程序未完成楼梯和楼板之间的衔接关系，可以自行完成缺失的部分。

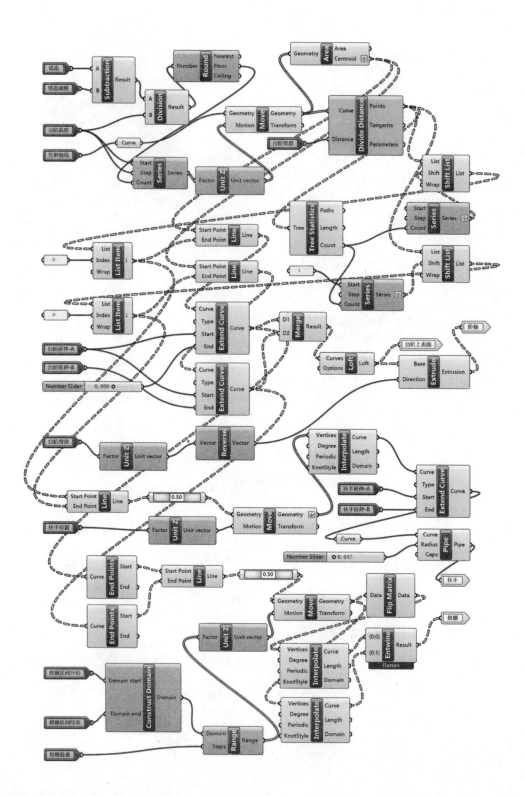

H_ 人参考定位

设计过程中，为了确定空间尺度，往往需要加入实际人尺度的模型来推敲空间。人模型可以从 Rhinoceros 中导入并加载到 Grasshopper 空间中。

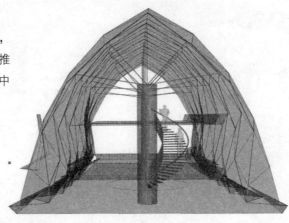

接螺旋楼梯部分 "阶梯" 输出参数

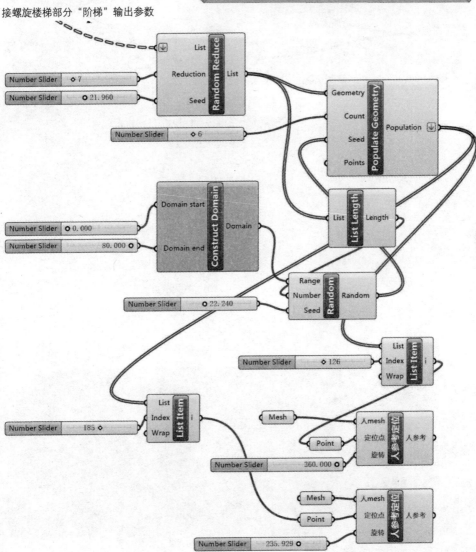

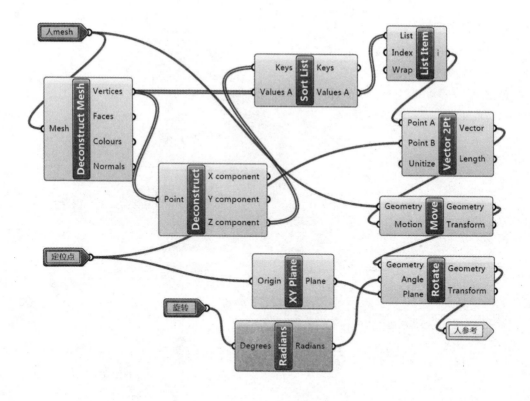

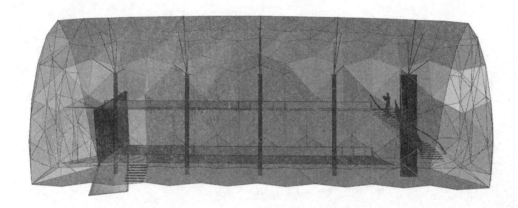

封装后的全部程序

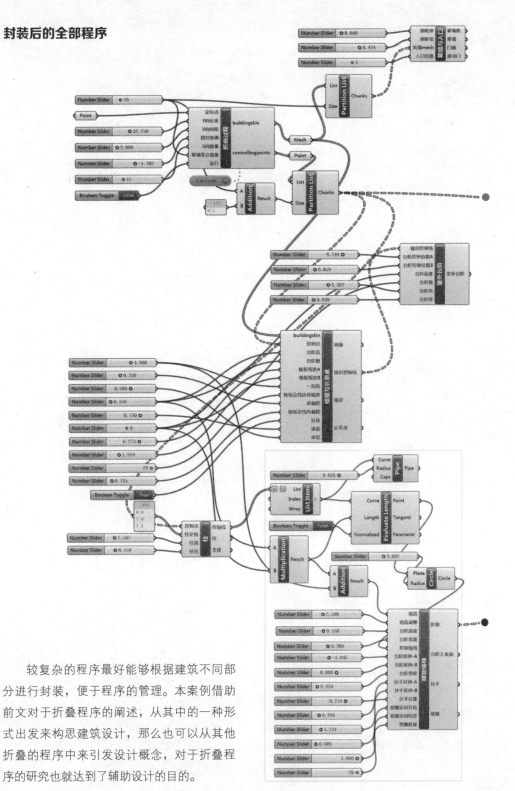

　　较复杂的程序最好能够根据建筑不同部分进行封装，便于程序的管理。本案例借助前文对于折叠程序的阐述，从其中的一种形式出发来构思建筑设计，那么也可以从其他折叠的程序中来引发设计概念，对于折叠程序的研究也就达到了辅助设计的目的。

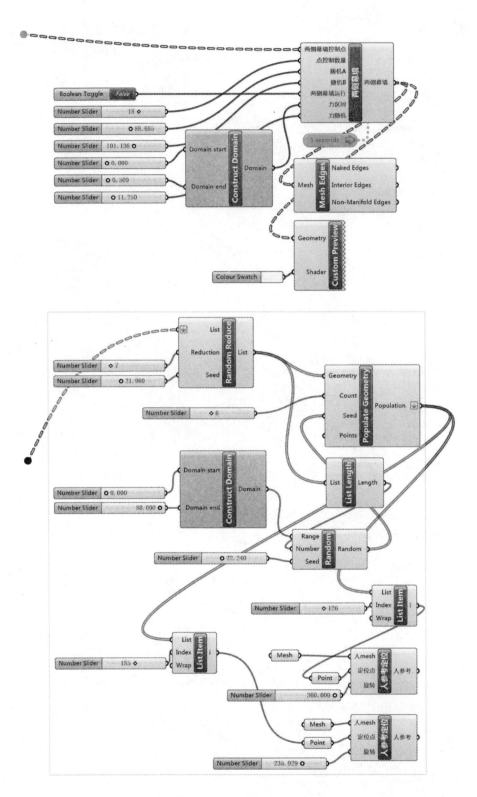

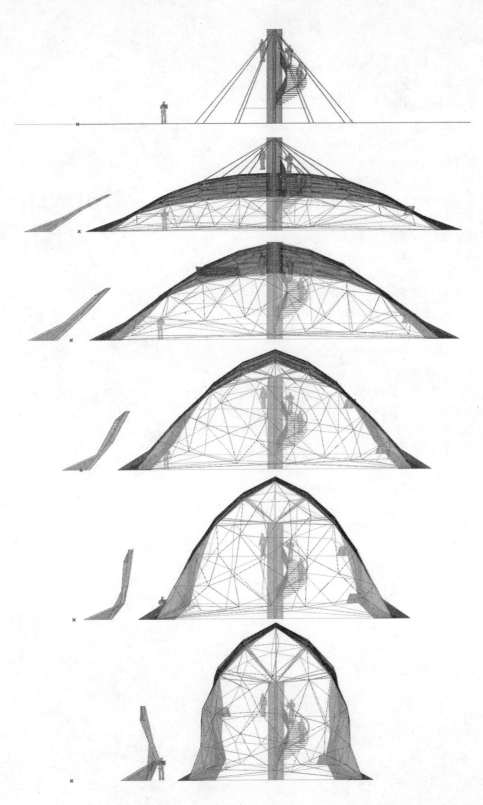

也许是受到传统计算机辅助设计的影响，大部分设计者总会将目前的计算机辅助设计停留在某个命令如何操作的基础上，也许是种无奈。基本的命令操作很重要毋庸置疑，但是编程辅助设计的方法本身已经不再是某个基本的命令，而是一个编程设计的知识系统。设计者应该具有编程的能力来创造性地设计和研究设计的过程，使用编程的方法探索设计的各类问题。

《折叠的程序》是面向设计师的编程设计知识体系研究的一个方向，是使用编程的方法研究折叠的过程，以此抛砖引玉改变传统设计意识的束缚，从根本的方面阐述编程辅助设计的方法。阅读本书也许并不容易，对阅读者的要求也许会很高，大量的Python代码程序需要花费一定的精力和时间读懂并付诸于实践。学习研究总是一个努力的过程，可以从头开始阅读本书，也可以作为参考手册寻找设计形式构建的方法，例如实现圆柱体V形褶皱的方法，或者X形拱构建的程序编写方法等。

实现一种目的的编程方法并不唯一，每个设计者总会有自己的逻辑构建过程，学习研究也就成为了一个互动思考的过程，而不会受到作者研究逻辑的局限。

总是希望能够有更多的设计者共同探索基于编程设计的方法，而事实上，对于这个领域的支持者也越来越多。

Afterword
后记

（建筑+风景园林+城乡规划）

面向设计师的编程设计知识系统
Programming Aided Design Knowledge System(PADKS)

计算机技术的发展以及编程语言的发展和趋于成熟，各种新思想不断涌现，从传统的计算机辅助制图到参数化、建筑信息模型、设计相关的大数据分析和地理信息系统、复杂系统，都从跨学科的角度，借助相关学科的研究渗入规划设计领域。大部分新思想都是依托于计算机编程语言，或由编程语言衍生，或者诉诸于编程语言。面对如此复杂的一个知识体系，在传统的设计行业教育中，没有系统阐述的相关课程，一般只是教授一门编程语言，或者一门地理信息系统，往往没有与规划设计相结合，未达到实际应用的目的。

我们力图梳理目前相关学科在规划设计领域中应用的方式，通过编程语言Python、NetLogo、R、C#、Grasshopper等，构建计算机科学、地理信息系统、复杂系统、统计学、数据分析等与建筑、风景园林和城乡规划跨学科联系的途径，建立面向设计师(建筑+风景园林+城乡规划）的编程设计知识系统(Programming Aided Design Knowledge System，PADKS)。一方面通过跨学科的研究建立适用于规划设计领域的课程体系；另外建立具有广度扩展和深度挖掘的研究内容，寻找跨学科应用的价值。编程设计知识系统建立的工程量远比想像的要庞大，从设计师角度探索跨学科的研究，需要补充统计学以及学习R语言，需要补充地理信息系统以及学习Python语言，需要补充复杂系统以及学习NetLogo语言，需要补充数据分析、数据库等知识，而且远远不止这些，还涉及程序控制的机器人技术和三维打印工程建造技术，都在拓展着以编程语言为核心的编程设计知识体系。

受过传统设计教育的设计师，已经建立了系统的设计知识结构，在既有的知识体系上，拓展编程设计知识体系，与传统设计思维相碰撞，获取意想不到的收获，构建新的设计思维方法和拓展无限的创造力。编程设计知识体系的建立，不能一蹴而就，这个过程也许是5年、10年甚至20年，并随着计算机技术的发展，知识体系将不断更新，是一个没有终点、需要不断探索的过程。

进入并拓展编程设计的领域，建立并梳理编程设计知识系统，只有抱有极大的兴趣才能够不断地学习新领域的知识，思考应用到设计领域中的途径和方法。不能不感谢将我带入参数化设计领域的朱育帆教授，支持并肯定在博士阶段研究编程设计的赵鸣教授，依托西北城市生境营建实验室、发展设计专业领域数据分析技术并研究如何应用到教学中的刘晖教授，以及caDesign设计团队和给予支持的伙伴们。

编程设计知识系统的梳理，面临大量跨学科新知识学习的过程，需要思考在设计领域应用的价值。每一次重新翻阅稿件时，都会再次审视编写的内容，总是希望调整、再调整，永无止境。从更加合适的案例、阐述问题新的角度、找到更优化的算法，到要不要重新梳理整个架构，却只能适可而止，待逐渐成熟与完善。诸多模糊的论述和阐述，欠妥之处敬请读者谅解，我们十分感谢您的支持，并希冀您能够把宝贵的意见反馈到cadesign@cadesign.cn邮箱，敦促我们不断修正、完善和持续地探索。